AF603197

RECHERCHES

SUR

LES OVO-VIVIPARES.

PARIS. — IMPRIMERIE FÉLIX MALTESTE ET Cie,
Rue des Deux-Portes-St-Sauveur, 22.

RECHERCHES

SUR

LES OVO-VIVIPARES

ET SUR

L'ŒUF RÉEL ET CELLULAIRE,

PAR

MICHEL-HYACINTHE **DESCHAMPS**,

MEMBRE DE LA LÉGION-D'HONNEUR,

MÉDECIN DU BUREAU DE BIENFAISANCE DU PREMIER ARRONDISSEMENT, ETC.

Nobis propositum est, naturas rerum manifestas indicare, non causas judicare dubias.

PLINE, lib. XI

PARIS.

VICTOR MASSON, LIBRAIRE-ÉDITEUR,

PLACE DE L'ÉCOLE-DE-MÉDECINE.

1854

A M. ROSTAN,

OFFICIER DE LA LÉGION-D'HONNEUR,

PRÉSIDENT DE L'ACADÉMIE IMPÉRIALE DE MÉDECINE,

PROFESSEUR A LA FACULTÉ DE PARIS, ETC.

MONSIEUR LE PRÉSIDENT,

La culture des sciences exige un labeur continuel. On cultive les élémens de la pensée en imitant le laboureur appliqué à tourner et à retourner la terre; plus les soins sont grands et éclairés, plus la production est belle. Vivre pour travailler : telle est notre destinée. Vous m'avez sauvé la vie, rappelé au travail, et le nouveau fruit de mes veilles vous appartient comme une marque de ma reconnaissance.

Évitant de devenir obscur dans ce mémoire, j'ai voulu être bref : le temps est le réseau de la vie, et j'ai dû ménager votre temps précieux. Tacite a prouvé qu'il n'est pas impossible de réunir l'élégance à la clarté, la vigueur à l'exactitude, la finesse à la profondeur des pensées, avec un style soutenu, correct et laconique.

Dans l'atelier de l'intelligence où vous êtes passé maître, vous savez qu'il est bien rare d'exprimer une vérité nouvelle en peu de mots, surtout quand on a trouvé cette vérité : vous savez aussi que l'ouvrier le plus attentif laisse quelquefois échapper une maille du canevas. Mais un esprit supérieur, comme le vôtre, examine avec sagesse, avec mesure, avec justice : il soulève délicatement la lésion organique, afin qu'elle puisse être réparée sans peine. Phare étincelant, il brille de ses propres feux : il rayonne au loin : il marque la ligne droite de l'observation et de l'expérience. Que de fois, luttant contre les caprices de la fortune, ces naufrages du talent et de la puissance, ne s'est-il pas écrié : *Omnia mecum fero.*

La gloire dans la science, point de mire de toutes les âmes d'une forte trempe, est cependant un léger succès aux yeux du monde. Horace chantait les douceurs de la condition moyenne pour voiler d'une sage philosophie les rigueurs de la culture intellectuelle. Il n'est pas toujours permis aux savans de parvenir au sommet des grandeurs, et d'y conserver ainsi que vous, généreux et bienveillant, tout son esprit, et ce qui est plus rare, tout son cœur.

Veuillez agréer,

Monsieur le Président,

mes hommages respectueux et dévoués,

DESCHAMPS.

Paris, 24 avril 1854.

SOMMAIRE.

INTRODUCTION.

Le germe sans force apparente, en état d'inertie, reçoit à l'ovaire, sous l'influence de la fécondation, une activité nouvelle, une impulsion vitale jusqu'alors inconnue. Entraîné par la trompe de Fallope, il va croître et se nourrir dans l'utérus, organe de la gestation naturelle : ou bien, par erreur de lieu, il se développe hors de la cavité de la matrice, lorsque le canal vecteur des œufs est troublé dans son mécanisme : accident très rare, généralement appelé *grossesse extra-utérine*, grossesse *externe*, *extraordinaire*, *anormale*.

La nature de l'obstacle qui empêche souvent l'ovule de parcourir la voie directe tracée par la nature, la cause du trouble plus profond qui détache le follicule de Graaff de l'ovaire, sont encore entourées d'obscurité. La frayeur et les émotions violentes, selon M. Lallemand ; le saisissement qui s'empare des femmes et des filles estimées pour sages, et qui se trouvent surprises dans un embrassement illicite, d'après Astruc ; les violences exercées sur l'abdomen au moment de la conception, comme les contusions, les chutes, ont, tour à tour, été invoquées pour les causes des perturbations du mécanisme de la trompe de Fallope. Bianchi explique le mode de formation de la grossesse ovarique par la densité de la membrane fibreuse de l'organe réceptacle des œufs, qui, après la fécondation, ne se rompt pas, surtout près du ligament : l'ovule se trouve ainsi retenu captif dans la vésicule. Une altération organique quelconque de la trompe utérine, assez considérable pour mettre obstacle aux fonctions du petit appareil tubo-ovarique, est incapable de produire une grossesse extra-utérine. Le mécanisme qui régit l'accouchement à l'ovaire doit être complet, afin qu'il y ait d'une part, fécondation, et d'autre part, déhiscence du follicule et sortie de l'ovule : quelquefois, par accident, il survient une chute du follicule lui-même. Les altérations de forme, de direction, de structure de la trompe de Fallope, trouvées dans les grossesses anormales, sont assurément consécutives à la fécondation : le canal, étant libre pour le passage du fluide séminal, ne se ferme pas tout à coup au passage de l'ovule : aucun observateur n'a été témoin d'une altération pathologique spontanée permettant à la conception de s'accomplir et mettant obstacle au retour de l'ovule. Toutefois, le canal tubaire n'est pas assez puissant, sa cavité n'est pas assez dilatable pour laisser la vésicule de Graaff, détachée du stroma, se frayer une route jusqu'à l'utérus, elle s'arrête ; les mouvemens du canal ovulaire cessent et la grossesse tubale est formée : ou bien, le follicule se déplace autrement et produit par des situations vicieuses les différentes variétés de grossesse extra-utérine.

Le point de l'organisme sur lequel l'œuf prend racine, décide du nom de *l'espèce* ou de la *variété*, imposé à des anomalies diverses. Baudelocque a reconnu, dans la classification des espèces, la première qui ait été faite, des *grossesses ovariques, tubaires, ventrales* ou *abdominales;* en effet, tantôt l'œuf fécondé reste en place à l'ovaire, tantôt il s'arrête en cheminant dans la trompe de Fallope, tantôt, enfin, il tombe dans le ventre. Des faits mieux observés prouvent qu'il pénètre aussi l'épaisseur des parois de l'utérus où il se fixe : c'est *la grossesse interstitielle;* ou bien, qu'il glisse sous le péritoine pour se loger dans la duplicature des ligamens larges : variété que je nomme *grossesse périovarique.*

L'œuf n'a pas toujours un siége unique, net et précis; il empiète communément sur deux ou trois organes, ce qui rend l'espèce fort difficile à déterminer, même sur le cadavre : il produit alors les variétés mixtes, secondaires et composées, admises dans la science, de *grossesse utéro-tubaire*, de *grossesse utérō-tubō-abdominale*, de *grossesse tubō-ovarique*, de *grossesse tubō-utérine-interstitielle*, enfin de *grossesse tubo-abdominale.* Toutes ces espèces et même leurs subdivisions ne seront plus, à notre époque, rapportées à une aberration de semence, mais à la situation vicieuse de l'œuf fécondé, au moment de l'évolution du germe.

La classification des grossesses extra-utérines, ayant pour base nouvelle la nature anatomique des tissus en rapport avec l'œuf, est susceptible de s'élever d'un degré et d'acquérir le *genre.* Des recherches seront utilement dirigées pour établir les genres nouveaux de *grossesses muqueuses, cellulaires, musculaires* et *séreuses*, selon que les tissus muqueux, cellulaires, musculaires et séreux parviendront à leur apogée de vitalité, pour favoriser l'évolution embryonnaire. La grossesse abdominale, comme chacun sait, a été révoquée en doute par certains auteurs qui refusent à la membrane séreuse du ventre, au péritoine. la vascularité suffisante pour entretenir la vie du fœtus. Les connexions établies entre l'œuf et le tissu séreux péritonéal sont tellement larges et profondes que M. Velpeau attribue la plupart des grossesses ovariques à des grossesses ventrales.

Une grossesse extra-utérine apparaît : qui, de la vésicule de Graaff (œuf des anciens), ou de l'ovule de Baer (œuf des modernes), préside au développement de l'embryon, en dehors de la cavité utérine? Un savant a exposé en ces termes la théorie encore en vigueur : « Il est facile de concevoir que l'ovule peut, par une cause quelconque, être retenu dans l'ovaire ou dans la trompe, ou tomber dans la cavité du péritoine. » L'ovule égaré de sa voie naturelle cause la grossesse extraordinaire ; telle est l'idée théorique dominante ; telle est l'erreur que je vais essayer de détruire.

Mes recherches nouvelles d'ovologie ont principalement pour objet de démontrer : 1° la composition réelle de l'œuf depuis son état primordial ; 2° l'ovo-viviparité de la femme et des mammifères ; 3° le mécanisme de la chute des vésicules de Graaff dans la formation des grossesses extra-utérines ; 4° l'origine et la nature du kyste ou du sac membraneux qui renferme l'embryon.

L'histoire de la découverte de l'œuf des mammifères est digne du plus haut intérêt : elle forme le préambule nécessaire à nos travaux. Les documens historiques se divisent naturellement en trois époques représentées par trois ovologistes célèbres : l'un trouve l'œuf à l'ovaire, l'autre le saisit au passage dans la trompe de Fallope et le suit jusqu'à l'utérus ; le dernier s'illustre par la démonstration de l'ovule dans la vésicule de Graaff.

Sténon, le premier, découvrit dans les testicules de plusieurs femelles vivipares, d'espèces différentes, des vésicules constantes qui les émaillaient comme des pierres précieuses : il donna le nom d'*œuf* à ces vésicules, et celui d'*ovaire* à l'organe de sécrétion ou de formation des œufs. Il ne suffit pas de découvrir, il faut encore donner la signification de ce que l'on trouve : Sténon voit et nomme; mais R. de Graff explique les fonctions de l'ovaire et de la trompe utérine; de plus, il compare l'ovaire des mammifères à celui des oiseaux, et dans un élan scientifique immodéré, il cherche à s'approprier l'idée première du réservoir des œufs des mammifères. Fatal élan qui fut violemment réprimé par Swammerdam! Avec quelle sagacité de Graaff, à part cette faute, étudie l'œuf à son réceptacle, lui fraie sa route à travers la trompe de Fallope, et le conduit, par la physiologie expérimentale, jusque dans l'utérus: ici, le célèbre ovologiste assiste aux premières ébauches de la formation des vertébrés vivipares: il signale l'existence des deux membranes primitives de l'œuf, que l'on appelle de nos jours la membrane vitelline et le blastoderme; là, il démontre que les œufs, parvenus dans les cornes de l'utérus des lapines et en voie d'évolution, sont libres à la surface de la muqueuse et faciles à déplacer par le moindre souffle. Partisan de la préexistence des germes, il admet que l'œuf des vivipares n'abandonne l'ovaire que sous l'influence de la fécondation, et que cette chute de l'œuf n'a jamais lieu chez les femmes et les filles non fécondées, ainsi que des observateurs plus attentifs l'affirmaient dès cette époque. On a employé les mots nouveaux d'évolution spontanée, de ponte périodique des mammifères, pour expliquer ces faits anciens et parfaitement établis dans la science. L'expression heureuse eut toute la fortune d'une découverte, le phénomène connu de la chute périodique de l'œuf, rajeuni par le terme, parut nouveau.

Tout œuf provient de la femelle, selon de Graaff, et lorsqu'il abandonne le réservoir ovulaire après la conception, il laisse toujours à la place qu'il occupait un stigmate indélébile, un *corpus luteum*; il y a autant de corps jaunes que d'œufs fécondés et échappés de l'ovaire. Nous verrons bientôt comment les ovules, même fécondés, deviennent abortifs.

L'œuf des anciens étant, ainsi que je l'ai démontré ailleurs, considéré comme une erreur d'ovologie, par trois raisons principales: l'idée qui prévalut dans les investigations ovologiques fut de trouver l'œuf réel des mammifères dans la vésicule de Graaff. Malpighi assure avoir vu un œuf avec ses appendices de la grosseur d'un grain de millet, au centre d'un corps jaune. Vallisnieri, disciple de ce grand anatomiste, ayant observé que la vésicule reste adhérente à l'ovaire après la fécondation, imagina qu'elle devait être le réservoir d'une liqueur destinée, du côté de la femelle, à contribuer à la génération de l'œuf véritable. Il multiplia les expériences sur beaucoup d'espèces animales, espérant découvrir avec la loupe et le microscope, dans la vésicule, espèce de *corps glanduleux*, l'œuf « après lequel, dit-il, je soupirais ardemment.» Il ne trouva rien: mais il eut la gloire de frayer la route aux observateurs. Combien il est fâcheux de voir un savant tel que Buffon s'appuyer sur ces expériences négatives, nier l'existence de l'œuf, et fonder une théorie erronée de la génération, qui vint encore retarder la découverte de l'ovule. La gelée tremblante, colloïde, demi-diaphane, et sur le point de sortir de la vésicule d'une lapine quarante-huit heures après la copulation, est-elle l'ovule? Haigton, qui a cité le fait ovologique, ne s'explique pas sur la nature de cette matière colloïde. En 1824, Prevost et Dumas ont positivement vu l'ovule dans la vésicule de Graaff sans tirer avantage de leur précieuse observation. Les deux petits corps sphéroïdes contenus dans les vésicules ovariques de chiennes, différens des œufs par une moins grande transparence, sont précisément des ovules qu'ils ont décrits. L'ovule a pour caractère générique, une très faible clarté et même l'absence de la diaphanéité au premier aspect : c'est un petit point jaunâtre ou blanc, toujours opaque à l'endroit de la tache germinative, quelquefois brillant à travers la vésicule. L'ovule n'a pas échappé, en 1827, à la vue et surtout à la patience éclairée de Baer. Le mérite de cette grande découverte repose sur deux points ovologiques très importans et alors inconnus : l'un est l'existence de la petite vésicule incluse dans la vésicule de Graaff, l'autre, le plus remarquable, est d'avoir prouvé que cette vésicule primitive est le véritable œuf par rapport au fœtus futur. D'après les idées neuves et hardies du professeur de Kœnisberg, *l'ovule* est *l'œuf fœtal*, la *vésicule* de *Graaff* est *l'œuf maternel,* et par extension, l'œuf des mammifères. A ces étincelles de génie succèdent les passages obscurs du texte sur l'organisation de l'œuf. Baer compare l'ovule à la vésicule germinative des oiseaux ; il voit la vésicule du germe et il ne la nomme pas, tant il est préoccupé de sa comparaison vicieuse.

La découverte de l'ovule, de même que certaines idées théoriques erronées touchant la fécondation, ont décidé du sort de l'œuf des mammifères : il est resté inconnu, ou plutôt, incompris dans sa structure : il n'a pas encore reçu sa signification propre, ovologique. La vésicule de Graaff pouvait-elle être l'œuf quand on la voyait se rompre dans la fécondation, en laissant échapper l'ovule qui, seul, paraît toujours suffire à l'évolution du nouvel être ? Comment concevoir d'ailleurs la fécondation de la vésicule de Graaff intacte ? Vallisnieri, plaçant l'idée avant le fait, soutenait que, pour arriver du col utérin à l'ovaire, l'animalcule spermatique trouvait un Océan à parcourir, et qu'il risquait beaucoup de s'égarer chemin faisant. La physiologie expérimentale a éclairé la route suivie par le zoosperme, et le contact immédiat de la liqueur séminale avec l'ovule à l'ovaire est actuellement un problème résolu, dans le sens des fécondations artificielles de Spallanzani. Dans le petit appareil tubo-ovarique, partout où l'ovule rencontre les spermatozoïdes, il y a fécondation : l'acte en lui-même est toujours couvert d'un voile mystérieux, impénétrable : il renferme le secret de la création des êtres organisés. Imagination vive, Gauthier, inventa le fameux zooperme armé qui brise la vésicule, avec son aigrette, pour la féconder. Andry substitua à cette pensée une autre pensée tout aussi hypothétique, en admettant l'existence d'une valvule qui, soulevée par le zoosperme, favorise la conception. Il expliquait les naissances tardives par les fécondations tardives de l'animalcule spermatique qui, une fois logé dans la vésicule, pouvait rester inactif des mois entiers. Esprit juste et sévère, Petit, préféra mettre le fait avant l'idée, et détruisit sans peine tout ce mécanisme merveilleux et invisible. Barry a tout récemment annoncé qu'il avait vu un zoosperme engagé à demi dans une fente de la vésicule ovulaire : ce fait unique dans la science exige de nouvelles preuves. En 1758, L. Jacobi, dans ses recherches sur les fécondations artificielles a découvert au microscope une petite ouverture qui n'existait pas aux œufs des poissons avant le contact de la liqueur séminale. Que l'œuf soit fécondé à l'ovaire ou à l'extérieur, il éprouve, au moment de l'imprégnation, des changemens que nous ferons connaître.

La fécondation ovarique de la vésicule de Graaff est un fait établi par les grossesses extra-utérines : il me reste à prouver que la vésicule intacte à l'ovaire est réellement l'œuf des mammifères.

RECHERCHES
D'OVOLOGIE COMPARÉE.

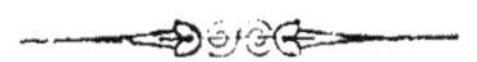

Ire SECTION.

ANATOMIE COMPARÉE DE L'OEUF RÉEL DES VERTÉBRÉS.

L'œuf des vertébrés conserve l'unité de plan au milieu des modifications qui surviennent dans ses élémens constitutifs essentiels et accessoires. La forme de l'œuf et sa nature sont très modifiables, mais le fond arrive toujours à une composition ovologique identique; il contient le jaune, le blanc et le germe.

D'après la théorie moderne le vivipare et l'ovipare sont construits sur deux plans distincts en ovologie : l'ovule de Baer, représente l'œuf de la femme et des mammifères; l'ovule, l'albumen et ses membranes sont les parties intégrantes de l'œuf des ovipares. Le stroma ou parenchyme ovarien creusé en excavation et arrondi en sphère, forme la vésicule de Graaff : élevé en saillie globuleuse, pédiculée, il compose la capsule de la grappe : ici, l'ovule touche de toutes parts l'enveloppe calicinale : là, un fluide albumineux sépare l'ovule de la vésicule ovarienne. La physiologie vient en aide à cette division dichotomique des plans de l'œuf : l'ovule suffit au mammifère pour puiser dans le sol maternel les sucs nécessaires à son évolution : l'ovule de l'ovipare devait entraîner avec lui sa provision nutritive en se séparant des voies génitales de la femelle.

De même que Spallanzani a confondu le germe avec l'ovule, de même les ovologistes modernes confondent à leur tour l'ovule avec l'œuf.

L'ovule n'est point l'œuf : vérité déjà admise pour les ovipares : vérité qu'il importe d'établir chez les mammifères.

Considéré dans son organisation générale et absolue, l'œuf (1) est formé par trois vésicules sphéroïdes, constamment inégales en volume, emboîtées l'une dans l'autre. Du centre vers la périphérie on trouve :

1° La *vésicule germinative* ou du *germe* ;

2° La *vésicule vitelline* ou du *jaune* ;

3° La *vésicule albumineuse* ou du *blanc*.

Une *enveloppe protectrice*, adventive, revêt l'œuf des ovipares : elle prend une densité différente qui n'est pas toujours en rapport avec le milieu dans lequel l'œuf est déposé ; elle est quelquefois représentée par la vésicule albumineuse, molle, glutineuse dans les batraciens, coriace chez les poissons et les ophidiens ; elle s'incruste de sels calcaires pour former la coquille des oiseaux, des chéloniens et de la plupart des sauriens.

Partie fondamentale de l'œuf, l'ovule se compose de deux membranes sphéroïdales : l'une, nommée la vésicule vitelline, contient le jaune ; l'autre est la vésicule du germe qui renferme le liquide hyalin et la tache germinative. L'existence

(1) N. B. Pour se faire une idée juste de l'*œuf des mammifères* aux différentes époques de la science, il suffit d'avoir recours à la formule graphique.

FORMULE ANATOMIQUE DE L'OEUF DES ANCIENS.

O = V. G. — X.

Œuf = Vésicule de Graaff. — X (Ovule inconnu).

FORMULE PHYSIOLOGIQUE DE L'OEUF DES MODERNES.

O = Ov : — V. G.

Œuf = Ovule — Vésicule de Graaff.

FORMULE OVOLOGIQUE OU DE L'OEUF RÉEL.

O = Ov : + V. G.

Œuf = Ovule, + Vésicule de Graaff.

de l'ovule est invariable dans toutes les classes du règne animal. Valentin a constaté cette partie essentielle de l'œuf jusque chez les animaux rotatoires.

La troisième espèce de sphère ou la vésicule albumineuse, incomprise et confondue avec l'enveloppe protectrice, est très variable pour le lieu de sa formation ; elle constitue la partie de l'œuf accessoire, subordonnée.

La femme et les mammifères, et par extension les vivipares ont l'œuf complet à l'ovaire : les trois vésicules sont réunies. Cherchant à décrire exactement la nature de la cellule ovulaire, dans ses élémens ovariens, Baer a soutenu que l'ovule dans la vésicule, c'est l'*œuf fœtal* dans l'*œuf maternel* ou l'œuf élevé à la deuxième puissance. L'œuf ovarique des mammifères ne suffit pas, tant par son siége éloigné que par la faible quantité de substance nutritive qu'il renferme à favoriser l'évolution régulière du fœtus et son expulsion par les voies génitales, c'est pourquoi la vésicule albumineuse se brise à l'ovaire : l'ovule dégagé, libre et entouré d'albumine, traverse la trompe de Fallope et se greffe à l'utérus ; alors il y a, dit Baer, incubation d'un animal dans un animal, comme à l'ovaire il y avait incubation d'un œuf dans un œuf.

Dirons-nous aussi par métaphore que l'œuf des oiseaux et, en général, des ovipares, constitué à la grappe par l'ovule, est simplement l'*œuf fœtal* ou l'œuf resté à la première puissance ? La troisième vésicule, élément complétif de l'œuf, ne se forme réellement que dans l'oviducte. Parvenu à maturité, l'ovule s'échappe de l'ovaire au moment de la déhiscence de la capsule, tombe dans le haut de l'oviducte, s'entoure de la vésicule albumineuse, s'adjoint ensuite la coquille protectrice dans la partie inférieure du canal près du cloaque : l'œuf est alors complet, absolu. Au moment de la ponte, l'œuf des ovipares, moins le test calcaire de protection, correspond à l'œuf ovarique des vivipares. La différence du lieu de formation de la vésicule du blanc de l'œuf, à l'ovaire pour le vivipare, dans l'oviducte pour l'ovipare, ne détruit pas l'identité de plan ovologique. Tout œuf contient les trois vésicules quand il est constitué.

Aucun vertébré n'est privé de l'albumine nutritive primordiale, tant ce suc est indispensable au développement de l'embryon, et même à tous les êtres organisés. La vésicule de Graaff, de la femme et des mammifères, produit le fluide albumineux de l'œuf : fluide qui s'échappe avec l'ovule au moment de la déhiscence du follicule. L'œuf des pœcilies prend l'albumine et le chorion à l'ovaire, et ces poissons se rangent dans les vivipares. L'ovaire sécrète encore l'albumine et même le chorion et la coque protectrice pour les œufs des poissons dépourvus d'oviducte. Cavolini a constaté la présence de l'albumine, du jaune ou vitellus et de la cicatricule dans les œufs mûrs du syngnathe.

L'oviducte est généralement le siége de la formation de l'albumine ou de la troisième vésicule complétive de l'œuf des oiseaux, des reptiles et des poissons. Dans une salamandre terrestre pleine, Carus a trouvé une matière gélatineuse autour des œufs et un fœtus développé. Une substance mixte, nutritive et protectrice à la fois, composée d'albumine et de mucus d'après l'analyse de Brandt, substance visqueuse, libre, sans membrane, possède la singulière propriété de se prendre en gelée dans l'eau : elle entoure les œufs des reptiles amphibies, des poissons osseux et des invertébrés aquatiques. Ces œufs, quelquefois avalés par les oiseaux du rivage, absorbent les fluides parce qu'ils sont fortement hygrométriques ; ils augmentent de volume, gênent la digestion et se trouvent bientôt rejetés : ils ont été pris pour des conferves d'une espèce nouvelle. Home compare la matière glaireuse qui réunit les œufs des grenouilles à celle qui est sécrétée dans l'ovaire des squales. Il a vu cette gelée tremblante autour des œufs du *squalus acanthias*, en même temps que le développement des petits. Le jaune et le blanc sont très distincts dans les œufs des squales.

La fécondation a certainement, en partie, pour but de rompre la digue qui sépare l'ovule de l'albumine; rupture évidente chez les mammifères dont l'ovule se trouve séparé du fluide albumineux par le disque proligère; rupture plus évidente encore chez les oiseaux, les reptiles et les poissons, lorsque l'ovule tombe de l'ovaire dans l'oviducte pour s'environner de la masse albumineuse. Lorsque deux ovules, égaux en maturité, quittent ensemble la grappe, en tombant dans l'oviducte, ils sont contenus dans le même albumen, dans la même coquille. Buffon a signalé ces œufs doubles chez la poule. Un œuf semblable ayant été soumis à l'incubation m'a présenté les deux fœtus séparés, les enveloppes parfaitement distinctes et intimement juxta-posées.

La trompe de la femme et des autres mammifères est-elle un organe de sécrétion albumineuse? Une truie châtrée s'étant livrée au mâle, j'ai constaté que le fluide contenu dans la trompe utérine était visqueux, gluant comme le mucus et incoagulable. Au moment de la ponte chez une poule, j'ai râclé la substance molle, colloïde, de la surface interne de l'oviducte, et cette substance s'est coagulée par la chaleur : le coagulum blanc était très fort autour d'un ovule engagé dans le canal tubaire. La même recherche étant faite sur les trompes utérines d'une chienne à l'époque du rut, m'a fourni un résultat négatif : il n'y avait pas encore de vésicule de Graaff rompue quand l'animal fut sacrifié. Il importait de savoir si l'ovule était le stimulant naturel de la sécrétion albumineuse. Je fis bouillir les voies génitales de deux chattes; la première a été mise à mort onze jours après la fécondation, et la seconde au quatorzième jour de l'imprégnation; la présence de l'albumine fut révélée en même temps que sa source; la même couleur blanche mate avait pour siége la cavité des follicules rompus et le canal tubaire où l'albumine épanchée se dessinait en stries blanchâtres. Dans les mammifères, la trompe de Fallope est plutôt un organe de transmission que de sécrétion albumineuse : cette double fonction appartient aux oviductes des ovipares.

La sécrétion de l'albumine n'a jamais lieu dans la capsule ovarique des oiseaux, et, en général, à l'ovaire des ovipares, quoiqu'il y ait des exceptions.

L'existence de l'albumine a été révoquée en doute dans la composition de l'œuf des ophidiens et de quelques poissons.

L'analyse chimique et l'étude du développement des ovules dissiperont ces erreurs ovologiques. Dans les poissons, le vitellus, proprement dit, séparé du disque huileux qui l'entoure renferme une grande proportion d'albumine. La combinaison du blanc et du jaune se retrouve aussi dans l'œuf des ophidiens : elle est même très hâtive. Suivons le développement de ces œufs ; ils sont d'abord transparens et albumineux, et ne deviennent rapidement jaunes et opaques que par l'addition des globules vitellins en très grandes proportions. Les couleuvres pondent quelquefois des œufs albumineux, improprement connus sous le nom d'œufs de coq. Les observations négatives et exceptionnelles de Vogt et de Rusconi, sur l'absence de l'albumine à la périphérie du vitellus de quelques poissons ne détruisent pas la masse des faits positifs. L'albumine est aussi essentielle à l'œuf que le vitellus : tous deux varient suivant la quantité, et l'albumine selon le lieu de sa formation.

La vésicule vitelline ou la sphère membraneuse externe de l'ovule est en rapport avec la capsule des ovipares ; elle est contenue dans le disque proligère de la membrane granuleuse des vivipares ; le disque la sépare de l'albumine.

La vésicule vitelline contient le jaune ou vitellus ; petite masse granulée jaunâtre, homogène, composée de trois espèces de globules ; les uns, blanchâtres, albumineux et primitifs, donnent la transparence aux œufs ; les autres, opaques et vitellins ; les derniers globules sont les vésicules huileuses, oléagineuses et colorées qui caractérisent le jaune de l'œuf. La couleur du vitellus se modifie et disparaît dans l'alcool et les éthers. C'est le développement successif des globules qui donne à l'ovule un aspect primitif grisâtre ou blanchâtre, diaphane, et consécutif jaunâtre et opaque. L'œuf de l'oiseau se prête admirablement à cette étude d'anatomie comparative des globules : il peut servir de type du mode d'évolution du vitellus. La quantité d'albumine combinée au jaune est relatiement très faible : elle s'efface peu à peu et n'est bientôt plus sensible qu'à l'analyse. Les globules albumineux, ne tardant pas à être dès le principe du développement masqués par les granulations colorées, ont fait croire que les œufs de certains vertébrés étaient privés d'albumine.

Dans les poissons, la masse du jaune se divise d'elle-même en deux couches superposées de structure fort différente : l'une, composée d'un suc huileux, jaunâtre, est excentrique et circonscrit la face interne de la vésicule vitelline ; elle finit par masquer la vésicule germinative des œufs mûrs : l'autre renferme les granulations vitellines, opaques, centrales, très abondantes et qui absorbent dans leurs intervalles les granules albumineux primitifs. Le vitellus compose une petite masse homogène et granuleuse dans les œufs des autres vertébrés ; les reptiles et les oiseaux ont des globules vitellins liés entre eux par une substance colorée, visqueuse; il en est de même chez les mammifères; ceux-ci ont la coloration des granules tellement faible, qu'un ovologiste distingué nomme le jaune la masse contenue dans la membrane vitelline. Les granules du jaune de l'ovule chez la femme sont secs, cohérens : ils composent une petite sphère qui s'échappe en bloc, en totalité quand on incise la zone transparente. La disposition sphéroïde du vitellus ainsi isolé a fait admettre par erreur à Krause et à Valentin qu'il existe une membrane vitelline différente de la zone.

La segmentation naturelle ou physiologique du vitellus est depuis longtemps établie dans la science. Prevost et Dumas ont fait des observations capitales sur la division géométrique du vitellus de la grenouille. Le phénomène est constant et en dehors de la fécondation; il se lie au développement naturel des ovules et annonce l'époque de la maturité. J'ai vu la segmentation primitive se faire aussi bien sur les œufs pondus et non fécondés que dans ceux qui ont reçu l'influence de la liqueur séminale.

La masse entière des granulations vitellines est complexe ; elle se partage en deux parties : la première forme le jaune végétatif ou nutritif ; la seconde constitue le jaune animal ; en d'autres termes, il y a, en physiologie, le vitellus de nutrition et le vitellus de segmentation. Cherchant la signification naturelle des élémens constitutifs de l'œuf de la poule, M. Ecker a tout récemment partagé le jaune en deux parties; l'une, le vitellus de formation est celui qui se segmente et forme le blastoderme ou la cicatricule; l'autre constitue le vitellus nutritif. L'ovule de la femme et des mammifères, en raison de sa greffe prochaine à l'utérus, ne possède réellement que le vitellus de segmentation qui produit le blastoderme.

La cicatricule, membrane de nouvelle formation, résulte de la segmentation du jaune : elle est très apparente dans l'œuf des oiseaux : elle survient aussitôt que l'ovule, même sans fécondation préalable, abandonne l'ovaire pour tomber dans l'oviducte : elle forme le blastoderme des ovipares. Dans les œufs fécondés, le plan de la cicatricule s'agrandit peu à peu, durant l'incubation et se termine en vésicule de même dimension que la vésicule vitelline. Enchassée dans la cicatricule, la vésicule animale primaire se brise ou disparaît aussitôt que l'ovule s'échappe de la grappe.

La vésicule germinative, sphère membraneuse d'une finesse extrême de texture, se trouve primitivement entourée des globules au centre du vitellus : elle contient le liquide hyalin et la tache germinative. Dans ses recherches publiées à Naples, en 1787, *Sulla generazione dei Pesci e dei Granchi*, Philippe Cavolini a découvert la vésicule germinative de l'œuf des poissons : il a même indiqué avec précision le mouvement de transposition de cette vésicule, du centre vers la périphérie de la vésicule vitelline. Purkinje a fait une étude très remarquable de la vésicule animale primaire dans l'œuf des oiseaux, et Baer a marqué l'existence de cette vésicule chez l'œuf des mammifères, sans toutefois lui imposer de nom spécial : elle a été plus tard qualifiée, et, pour ainsi dire, mise à sa place ovologique.

La vésicule du germe se brise, disparaît ou se métamorphose dans les ovules contenus dans le follicule, et parvenus à maturité. La fécondation n'est pas la cause unique de ce phénomène ovologique. L'observation attentive démontre que la vésicule du germe après l'imprégnation, n'est déjà plus visible avant la segmentation du vitellus : elle est toujours inappréciable après la ponte. Que devient-elle? Les physiologistes qui font de cette vésicule la cellule primitive, la cellule génératrice des autres cellules, ont soutenu qu'elle persiste en se modifiant sous forme d'un disque aplati, lenticulaire, invisible : les autres prétendent qu'elle se brise pour former la cicatricule ou le blastoderme. Deux opinions opposées sur un fait matériel qui signifie, intégrité ou rupture de la vésicule germinative : c'est que le fait est capital pour l'embryologie : là réside le secret merveilleux de la création animale. Dans la théorie qui semble prendre faveur à notre époque, on soutient que la vésicule germinative et le zoosperme se combinent au moment de la fécondation, et qu'on ne retrouve plus ni le produit mâle, ni le produit femelle : tous deux sont confondus dans une nouvelle membrane, déjà entrevue par Malpighi, et appelée *le blastoderme*, la *membrane blastodermique*, la *vésicule blastodermique*, la *membrane germinative* ou *proligère*, parce que c'est sur un point de cette membrane ovologique de nouvelle formation que le germe apparaît. Voilà le fait principe, épigénétique.

R. Wagner, a prétendu que la tache germinative recélait le germe en substance. Il a fait des recherches dans la série animale, espérant que les corpuscules germinatifs, par leur présence constante, justifieraient son opinion. Mais, que de variétés dans la forme, dans l'étendue et dans le nombre de ces taches granulées, obscures! Simple dans l'espèce humaine, la tache est double, triple et quadruple chez le lapin : elle devient multiple à l'ovule des grenouilles, des poissons et des écrevisses. Quelquefois, elle n'existe pas, comme dans la raie : elle manque souvent à l'œuf des oiseaux; son rôle physiologique paraît tout à fait secondaire, subordonné et connexe à celui de la vésicule germinative dont elle fait partie intégrante. La tache germinative entre ainsi dans la composition du blastoderme : elle n'est pas le germe vivant, préformé, primordial.

A la théorie épigénétique, on objecte que le blastoderme ou la cicatricule préexiste à la fécondation dans les œufs mûrs : donc, ce n'est pas toujours le mélange des deux produits qui détermine la formation de la nouvelle membrane ovologique. Cependant, il y a une différence essentielle à établir : le blastoderme qui résulte de la fécondation se développe par l'incubation en trois feuillets embryonnaires; le feuillet interne ou muqueux, l'externe ou séreux, et le feuillet vasculaire, intermédiaire : le blastoderme spontané se pourrit quand l'œuf est soumis à la chaleur; il manque de l'impulsion vitale. Nouvelle preuve de la différence qui existe entre un agent physique et la force vitale, dans la génération des êtres organisés.

L'histologie qui traite des élémens ou principes matériels de l'œuf, n'est pas moins remplie d'obscurité que la force qui tient la vie en puissance. Purkinje a posé, en fait, que la vésicule proligère, relativement plus développée que les autres élémens de l'œuf, est la première formée : que les globules vitellins viennent peu à peu se condenser à sa superficie jusqu'à la formation d'une membrane anhiste destinée à les envelopper : cette membrane vitelline est une cellule close de toutes parts. Schwan définit l'œuf une cellule primitive : la vésicule germinative est le noyau, la tache proligère le nucléole, la membrane vitelline la paroi de la cellule, et les globules vitellins un contenu de cellule. D'après les idées de ce physiologiste, la vésicule germinative paraît la première, et la vésicule vitelline se forme autour d'elle. R. Wagner. remonte à un degré supérieur la formation cellulaire de l'œuf : ainsi, la tache germinative, se produirait en premier lieu; autour d'elle se formerait la vésicule proligère qui, plus tard, serait elle-même circonscrite par les globules vitellins et la vésicule vitelline. Le développement des œufs ovariques de l'*agrion virgo* présente-t-il réellement, comme le soutient cet ovologiste, cette série de formations successives? Le cercle de l'évolution se rétrécit lorsque, avec Henle, on compare la vésicule du germe à la cellule et la tache au noyau : le nucléole, ainsi qu'il arrive dans plusieurs formations de cellules, reste invisible ou manque. Dans cette hypothèse, la vésicule vitelline et le jaune ne font plus partie de la cellule ; la composition cellulaire, simplifiée, est évidemment descendue à un degré inférieur. Cherchant à concilier des opinions aussi divergentes sur le point fondamental de la théorie cellulaire, car la formation des cellules élémentaires a pour base systématique, comme chacun sait, le développement de l'œuf et du germe et aussi la régénération des tissus, Bischoff soutient une opinion mixte, embrouillée, confuse. Il dit : « Il me paraît donc beaucoup plus probable que, si l'on veut considérer l'œuf entier comme une cellule primaire, la *membrane vitelline* et le *jaune existent d'abord*, et que, dans cette cellule, il s'en forme une nouvelle, la vésicule germinative, c'est à dire, qu'il y a production d'une cellule dans une cellule, ou que, comme la vésicule germinative se produit réellement la première, la tache germinative est le noyau de la cellule primitive, que la ***vésicule germinative*** qui se ***développe autour d'elle*** est la ***cellule primitive***, enfin que la membrane vitelline et le jaune sont des formations secondaires » (*Dev. de l'hom. p.* 18. 1843). Admettre que la membrane vitelline et le vitellus sont primitivement formés, et que la vésicule germinative se développe ensuite, est un fait idéal réfuté par Bischoff lui-même. La théorie cellulaire se trouve encore en défaut, en tant qu'elle considère la formation de l'œuf comme une série de formations successives, sur-ajoutées les unes aux autres et toutes formées par le même point du parenchyme ovarien. Un fait anatomique est une vérité qui ne se plie pas ainsi à la mobilité de la pensée. L'origine primitive du développement de l'œuf échappe et réclame sa véritable signification histologique.

CHAPITRE I.

DE L'ŒUF PRIMITIF OU CELLULAIRE.

Dans une recherche aussi délicate de structure intime et primitive, il est bien difficile d'affirmer que l'on a surpris l'œuf à l'état naissant. Voici le résultat général d'investigations multipliées.

L'œuf m'a paru un follicule clos de toutes parts, préformé, préexistant, constitué par des cellules emboîtées l'une dans l'autre.

Les cellules ont un développement simultané et inégal, en raison des fluides sécrétés successivement dans leurs interstices, ou pour dire juste, dans leur cavité particulière. La sécrétion se fait du point central vers la périphérie. La vésicule germinative produit d'abord le liquide hyalin et la tache germinative; tel est le point de départ du développement de l'œuf: la vésicule vitelline sécrète les granulations du vitellus; l'ovule est formé : enfin, la vésicule de Graaff se remplit d'albumine; l'œuf complet est alors constitué.

Il existe une loi qui n'a pas échappé même aux partisans de la formation successive ou de l'œuf fait de toutes pièces: chaque vésicule ou cellule, a un volume plus grand relativement à la vésicule qui l'entoure, quant au fluide sécrété qui marque sa croissance arrivée au maximum du développement : elle reste stationnaire : la vésicule engaînante prend à son tour de plus vastes dimensions, et la vésicule contenue devient relativement plus petite. La vésicule du germe domine, en effet, au début de l'évolution de l'œuf à l'ovaire, puis elle est dominée par la vésicule vitelline : celle-ci n'est bientôt plus qu'un point, comparativement au volume de la vésicule albumineuse. La paroi membraneuse ou cellulaire se dédouble successivement du centre vers la circonférence en proportion de la sécrétion graduée ou successive du fluide hyalin, du vitellus et de l'albumine ; la paroi est triple pour la vésicule proligère, double pour la vésicule vitelline, et simple pour le follicule de Graaf.

La genèse de l'ovule est invariable. Il n'en est plus de même de la formation de la vésicule albumineuse.

Le développement des ovules à la grappe de la poule me servira de type pour l'histologie de l'œuf des ovipares. Dans les poussins, l'ovaire a la forme d'une petite lamelle lisse Le cystoblastème ne tarde pas à prendre un degré d'organisation appréciable : il est divisé par des fibres interceptant des intervalles dans lesquels sont logées des cellules élémentaires; les cellules sont des ovules primitifs : on les considère ordinairement comme faisant partie de la trame celluleuse du stroma. Elles diffèrent totalement du tissu cellulaire ambiant à plusieurs égards : ainsi elles ne contiennent pas de graisse : elles ne sont pas développées par l'insufflation, et le liquide d'une injection parenchymateuse ne les pénètre pas ; elles restent isolées, libres, plates et transparentes.

Pour m'assurer que chaque cellule est un ovule isolé, j'ai suivi, jour par jour, le développement cellulaire sur des séries de poussins, et j'ai vu la sécrétion centrale primitive, développer la double paroi vésiculaire, et ensuite la sécrétion d'un fluide albumineux, blanchâtre, dilater la seconde membrane ou la vésicule vitelline et la séparer de la vésicule animale primaire. La transparence du liquide de sécrétion ne permet que tardivement de faire la séparation des deux vésicules. L'aspect primitif de l'ovule est blanchâtre. La production des globules vitellins est consécutive : elle trouble peu à peu la diaphanéité du liquide et bientôt la couleur jaune domine et caractérise le vitellus. L'apparition tardive des globules vitellins dans la vésicule déjà remplie d'albumine, est un fait en contradiction directe avec la théorie cellulaire, épigénétique de l'œuf : jamais je n'ai observé de globules vitellins libres et simplement juxta-posés à la surface de la vésicule proligère. La membrane vitelline est l'organe sécréteur des granules vitellins. Il est impossible de séparer les deux cellules emboitées et juxta-posées qui constituent l'ovule : la sécrétion des liquides opère elle-même la division de la double paroi cellulaire.

Le refoulement du tissu de la grappe pour former la capsule pétiolée des ovipares, devrait servir d'exemple du déploiement excentrique des vésicules. Il a contribué au contraire à propager l'erreur de la formation des cellules successives et surajoutées et à édifier la théorie épigénétique de l'ovule. Lorsque la double cellule ovulaire a pris la forme sphérique, elle pousse au-devant d'elle la portion voisine du stroma, la sépare de l'ovaire, excepté à l'endroit du pédicule. Le capuchon ovarien augmente de plus en plus de volume, comme l'ovule qu'il contient ; il s'amincit suivant une ligne équatoriale et se rompt toujours en ce point fixe. Je reviendrai bientôt sur les connexions établies entre l'ovule et la capsule à la grappe.

La vésicule de Graaff ne fait pas partie intégrante du stroma comme la capsule des ovipares; elle appartient à l'œuf de la femme et des mammifères : elle est successivement *celluleuse granulée et vésiculaire.*

Quand le stroma se distingue du parenchyme amorphe de l'ovaire du fœtus, les fibres qui le feutrent, assez semblables plus tard à celles du dartos, interceptent en se croisant des intervalles irréguliers, comblés par des cellules primitives : cellules qui sont les œufs rudimentaires. Closes de toutes parts, isolées, transparentes, dépourvues de graisse, elles ne participent ni aux insufflations, ni aux injections du parenchyme ; leurs parois adossées ne renferment aucun liquide.

L'état granuleux est le deuxième degré du développement

de l'œuf. J'ai fait connaître par des recherches antérieures la forme granulée des vésicules de Graaff. Les cellules devenues opaques, granuleuses s'accompagnent d'une sécrétion interne, centrale. En piquant une granulation ovarique, il s'échappe un peu de liquide, limpide, hyalin, coagulable par l'alcool. Une fois j'ai réussi, après bien des tentatives infructueuses, à faire sortir la vésicule du germe d'un grain ovulaire. L'opacité des parois des granulations ne permet plus de suivre, de même que chez l'oiseau, le développement des deux fluides, hyalin et vitellin. Cependant, à aucune époque, il n'y a de globules vitellins libres, entre le stroma et la vésicule du germe: celle-ci n'est jamais à découvert. La vésicule proligère, partie de l'œuf, centrale et primitive, sécrète le liquide hyalin, et sans doute les corpuscules germinatifs qui ne sont pas encore visibles.

La transition de l'état granuleux à la vésicule de Graaff est le passage de l'opacité à la transparence de l'œuf; elle est très rapide et très marquée dans les modifications ovologiques. Un grand nombre de granulations centrales persistent, alors que celles qui sont devenues périphériques se développent en petites vésicules, claires, plus ou moins arrondies. Parvenus à la forme sphérique, les œufs n'offrent plus de difficultés aussi sérieuses dans leur évolution et dans leur étude. La vésicule albumineuse a pris le dessus à un tel degré que, l'ovule est relégué comme un noyau sur un point de ses parois, dans le disque proligère de la membrane granuleuse. Partie intégrante de l'œuf, la vésicule de Graaff se développe en même temps que l'ovule : phénomène caractéristique de l'œuf des mammifères. Dans la publication de leurs divers mémoires, Bischoff et Henle ont varié sur le développement primitif de la vésicule de Graaff ; le dernier auteur considère même le follicule comme une des glandes primaires. J'ai cherché en vain le double développement signalé par Barry : l'un, concentrique pour les couches du follicule; l'autre primitif et excentrique pour la formation épigénétique de l'ovule.

La position relative des vésicules change pendant l'évolution ovarique : la tache germinative elle-même, concentre dans la vésicule ses corpuscules proligères et se fixe sur un point. De centrale qu'elle était, la vésicule proligère gagne la périphérie de la vésicule vitelline développée : on suit la trace de cette migration dans le vitellus de l'oiseau. L'ovule, enfin, pointe au travers du stigmate de la vésicule de Graaff, ou de la ligne équatoriale de la capsule de la grappe, il se fixe là ; et souvent on l'aperçoit à l'œil nu à travers l'épaisseur des membranes devenues pellucides.

Ainsi, premier point fixe, tache germinative à la périphérie de la vésicule du germe : deuxième point fixe, vésicule proligère à la périphérie de la sphère vitelline : enfin, troisième point fixe, ovule situé sous le stigmate de la capsule des ovipares et de la vésicule albumineuse des vivipares.

La réunion des points fixes constitue le pôle clair de l'œuf, ou mieux, le pôle générateur, germinatif, parce qu'il est le siége constant de la fécondation : le pôle obscur contient le vitellus. L'importance de cette distinction est sensible chez les batraciens, dont l'œuf a toujours le pôle obscur dirigé vers la lumière, et le pôle germinatif clair, plongé dans le milieu liquide qui protége le germe. Les pôles, dans l'œuf des oiseaux prennent une direction inverse de la précédente, afin que la cicatricule, protégée par la coquille, soit dirigée en haut vers le foyer naturel du calorique vital. Le pôle clair constitué est l'indice le plus certain de la maturité de l'œuf.

L'œuf est une cellule close, préexistante, primordiale, sans aucune communication directe avec les autres cellules de même nature, logées dans les intervalles du tissu fibreux du stroma. Dans les êtres ovulés, un organe spécial, formateur des cellules isolées, en un mot l'ovaire, est destiné à circonscrire la fonction. Chaque fonction des organismes supérieurs possède un appareil spécial : la génération devait avoir également un système complet d'organes. Je considère donc l'ovaire, comme l'organe de la localisation des cellules complexes, ovulaires : cellules doubles pour les ovipares, triples pour les vivipares. La cellule simple, capable aussi de reproduire un être vivant, se trouve disséminée dans les organismes inférieurs tributaires des générations scissipares et gemmipares. Il suffit qu'elle se limite par gemmes ou bourgeons, qu'elle se fractionne par fissures, sur une partie quelconque de l'être organisé, pour constituer un être nouveau, isolé, indépendant, identique à celui qui l'a formé et vivant par son propre fond. Toute génération se rattache ainsi par son origine à la formation cellulaire. Tout être organisé vient d'une cellule.

La cellule ovulaire paraît sans que nous ayons conscience du mécanisme de sa formation, en d'autres termes, sans que nous puissions découvrir la loi ou le principe qui préside à la création des êtres organisés. Elle se forme probablement par agrégation moléculaire et à notre insu. Nous trouvons la cellule ovulaire toute formée : c'est notre point de départ en ovologie. Le secret de la vie réside spécialement dans cette force inconnue qui change les molécules amorphes en cellules organisées, vivantes. Une matière inorganique quelconque isolée des corps doués de la vie est impuissante par elle-même à se constituer en nouvelle substance cellulaire ou vésiculaire. La transformation n'est possible que dans l'organisme vivant. Il y a donc deux mondes parfaitement distincts, l'un, organique; l'autre, inorganique.

CHAPITRE II.

DE L'OEUF DES VIVIPARES.

L'œuf de la femme et des mammifères est complet à l'ovaire : il se compose de la vésicule de Graaff et de l'ovule.

Art. 1er. — *Organisation des follicules ou des vésicules de Graff* (ova Graafiana).

Les œufs de la femme et des mammifères parvenus à maturité, prennent la forme sphérique, globuleuse. Ils sont lisses à leur surface, peu adhérens et faciles à enlever du parenchyme ovarien ou du *stroma* de Baer : une simple enucléation suffit pour isoler les œufs superficiels qui, séparés les uns des autres par des cloisons de la tunique albuginée, sont contenus dans de petites excavations du tissu propre de l'ovaire. La limite entre la vésicule de Graaff et le stroma est parfaitement établie par la différence des tissus : la tunique du follicule a une structure cellulo-fibreuse et vasculaire très serrée, très feutrée ; le tissu cellulaire ambiant est lâche, se rompt avec facilité et tient faiblement à la vésicule. Mon premier mémoire fait connaître la situation, le volume, le nombre approximatif des vésicules de Graaff : j'ai traité ci-dessus de l'origine primitive de l'œuf : il reste la structure de l'œuf réel des mammifères à établir. Barry. nomme *ovisacs* les vésicules d'un centième à deux centièmes de millimètre : leur organisation est indéterminée. Plus volumineuses, elles sont formées de plusieurs rangées concentriques de couches fibro-cellulaires. Chaque vésicule périphérique, plus aisée à disséquer que les follicules du centre de l'ovaire, se compose. d'après Baer, d'une capsule membraneuse (*theca*), partie contenante, enveloppe protectrice de l'œuf, coquille (*putamen*) et de l'abumine, partie contenue : il ajoute à celle-ci le noyau (*nucleus*) ou l'ovule. Cette division admise en ovologie, est inexacte et même opposée à la théorie de Baer : la capsule ovarienne, l'albumine et l'ovule, sont des parties différentes qui constituent l'ensemble des élémens de l'œuf.

La MEMBRANE EXTERNE DU FOLLICULE (*tunica folliculi* est très résistante, divisible en deux lames ou feuillets d'un tissu cellulo-fibreux élastique, différent du stroma par ses couches serrées, feutrées, concentriques et sphériques. Baer a donné une description des deux feuillets de la vésicule et de leurs caractères particuliers. On a comparé à une membrane muqueuse la lame interne, en raison de sa mollesse, de son épaisseur, de sa résistance, de sa faible contractilité et de sa plus grande vascularité. Que la dissection se fasse de dehors en dedans, et réciproquement de dedans en dehors, on enlève une suite de lamelles appliquées les unes aux autres : elles ont toutes des propriétés élastiques et un aspect identique : la séparation en deux lames paraît naturelle, tant elle s'opère avec facilité. Le deuxième feuillet a peut-être pour origine ces rangées concentriques de noyaux observés autour de la vésicule : noyaux obscurs, étendus, onduleux. La tunique externe de l'œuf remplit le rôle de chorion dansles grossesses extra-utérines.

La MEMBRANE GRANULEUSE, *membrana granulosa de* Baer, *membrana cumuli* de Valentin, *tunica granulosa* de Barry, est un tissu délicat, très friable comme la choroïde, composé de cellules ou de granules accolés, de couleur jaune paille et simplement appliqués à la face interne de la tunique du follicule,

Huschke la considère comme une membrane séreuse qui reçoit l'ovule sans le contenir dans sa cavité, et qui sécrète l'albumine intérieure du follicule; elle ne contient pas de vaisseaux. Cette membrane d'une fragilité extrême se réduit en lambeaux de vésicules granulées, nombreuses, au moment où le follicule de Graaff éclate. Elle s'enlève aussi tout d'une pièce, sous forme d'une membrane anhyste et continue, quand on agit avec précaution sous l'eau. Les granules juxta-posés qui la composent, dans toute son épaisseur, paraissent collés et maintenus les uns aux autres par l'albumine. On a sonsidéré comme des vésicules adipeuses les cellules qu'elle renferme en petite quantité : Bischoff les compare à des œufs rudimentaires sans toutefois affirmer que ce soient de véritables œufs.

La membrane granuleuse offre, en un point, un épaississement qui résulte d'un amas de granules jaunes ou de cellules à noyau semblable à l'anneau discoïde de Saturne, et vers la périphérie duquel l'ovule est logé : c'est le *disque proligère*, *discus proligerus*. A ce point même de la tunique granuleuse épaissie, Barry prétend qu'il existe des *tractus granuleux* particuliers, ou *retinacles*, destinés à retenir l'ovule aux parois de la vésicule, et plus tard, à favoriser sa chute au moment de la déhiscence du follicule, en agissant comme *vis a tergo* de même que le flot du liquide albumineux. Bischoff est parvenu à séparer l'ovule des granulations du disque proligère, en isolant avec une aiguille et sous l'eau, les débris de la membrane granuleuse, de sorte qu'il n'admet pas les retinacles comme un appendice spécial, et qu'il leur refuse à tort la fonction qui leur a été dévolue. Le disque est parcouru par des fissures radiées qui résultent de sa rupture ou de son plissement au moment de la déhiscence de la vésicule de Graaff.

Le disque proligère n'est pas toujours situé vis à vis le point culminant de la sphère péritonéale de l'œuf. La vésicule ayant éclaté après la fécondation, l'ovule reste quelquefois fixé à la paroi membraneuse et produit une grossesse ovarique.

Les granules du disque proligère changent de forme sous l'influence de la fécondation. Ils deviennent coniques avec un point obscur à leur base : leur sommet appuie sur la zone transparente. On les a comparés à de la limaille de fer, attirée par le barreau aimanté.

Le follicule de Graaff ressemble en apparence à une petite bourse muqueuse, en comparant le feuillet externe au derme, le feuillet interne au corps muqueux, et la membrane granuleuse à l'épithélium. Schwan a découvert à la face interne du follicule une couche de cellules épithéliales microscopiques.

La cavité du follicule est remplie par un fluide albumineux, blanchâtre, limpide et visqueux. Sa diaphanéité est quelquefois troublée par des granuations flottantes et par des vésicules remplies d'un fluide huileux et clair : tel est le *blanc* de *l'œuf* de la femme et des mammifères; l'albumine ou le fluide natif de Baer, le mucus fondamental de Nees. Le blanc de l'œuf se prend par la chaleur, les acides et l'alcool en une masse granuloso-floconeuse (*granuloso-floccosa*). J'ai vainement cherché les filamens qui cloisonnent en tous sens la cavité du follicule de Graaff du lapin et qui sont destinés à maintenir l'ovule en place. La masse albumineuse composée de parties globulaires de densité différente, quoique de même nature, est assurément la source de cette erreur.

La vésicule de Graaff est doublée dans les deux tiers de sa circonférence, quand elle est devenue périphérique, par deux tuniques générales ; (*indusium*, le *tégument* de Baer) l'une est la membrane albuginée (*tunica albuginea seu propria ovarii*) ; l'autre est le péritoine (*epithelium peritoneale*).

A l'époque de la maturité de l'œuf les deux tuniques sont devenues pellucides et d'une fragilité extrême vis à vis de l'ovule. Les capillaires sanguins, expansions terminales des vaisseaux ovariques, par un mécanisme analogue à l'agrandissement de l'ouverture pupillaire, font retrait sur un point de la vésicule de Graaff et produisent une tache blanche, transparente, en un mot le stigmate : *stigma*. La tache, indice de la rupture prochaine de la vésicule, est très variable pour la forme et très visible sur les œufs mûrs de la truie. L'existence du stigma n'est pas constante.

Art. 2. *Organisation de l'ovule des mammifères.*

L'ovule dégagé des granulations du disque proligère a un diamètre d'un cinquième, d'un huitième ou d'un dixième de millimètre chez la femme. Le petit point blanchâtre qu'il forme, visible quelquefois sans le microscope est composé de plusieurs élémens.

La zone transparente (*zona pellucida*) de Baer, est la tunique externe de l'ovule. On la nomme encore membrane corticale (*membrana corticalis*), membrane vitelline ou du vitellus et chorion. A l'ovaire, elle représente la membrane vitelline de l'ovule de l'oiseau : dans l'utérus, elle remplit le rôle de chorion pour les grossesses naturelles. Bischoff a mis cette vérité hors de doute, en découvrant les villosités à la surface de la zone des ovules parvenus à la matrice.

Close et vésiculaire, la membrane générale de l'ovule paraît, sous le microscope, comme un anneau très clair, bordé d'un liseré foncé. Elle est très dense, très élastique, très résistante, composée d'un seul feuillet anhyste homogène, d'une grande diaphanéité. Rompue ou déchirée, elle a une fente lisse qui reste béante par la compression de l'ovule, et qui se ferme quand on cesse de comprimer. Aucun liquide ne s'échappe de ses parois.

La zone a été comparée à un cercle clair composé de deux lignes concentriques séparées par une grande épaisseur de substance. Chacune de ces trois parties d'un même tout a reçu une signification ovologique différente. Bernhardt a considéré la ligne circulaire interne, comme une membrane vitelline spéciale : la ligne circulaire externe a été rapportée au chorion : l'intervalle ou la substance transparente, gélatiniforme, serait de l'albumine selon Valentin et Krause. Si la substance de la zone était formée de gélatine ou d'albumine, elle céderait au point de la compression, effet qui n'a pas lieu. Le diamètre de l'œuf augmente peu à peu, s'étend même loin sous une pression modérée et progressive, et reprend bientôt la forme sphérique dès que l'on cesse de comprimer. Nous devons donc nous ranger à l'opinion de Warthon Jones, qui a trouvé la zone transparente, composée d'une seule membrane élastique, extensible et très épaisse. La zone n'est pas de l'albumine : cette substance ne l'entoure immédiatement qu'après la dissolution du disque granuleux : alors zone et albumine sont très distinctes l'une de l'autre malgré leur juxtàposition.

Une compression lente, forte et continue, distend le tissu de la zone, le rompt sans l'amincir, et le vitellus des mammifères s'échappe lentement. On fait sortir et rentrer le vitellus tour à tour, en imprimant un mouvement alternatif de compression et de relâchement à l'ovule.

Le *jaune* ou *vitellus*, sphère la plus obscure de l'ovule, est une petite masse formée de granules fins, très variables en grosseur, analogues, pour la plupart, aux molécules du pigmentum quand ils sont très petits; les granules du vitellus des mammifères sont visqueux; ils deviennent secs et plus compactes dans le jaune de la femme, de sorte que le vitellus tout entier, peut sortir de la zone, sous la forme d'un agrégat sphérique de globules cohérens.

Il n'y a pas d'intervalle sensible entre la membrane vitelline ou zone et la sphère du vitellus qu'elle contient : les rapports de contiguité sont immédiats, tant que l'œuf se trouve dans sa période ascendante. Après la maturité, la période décroissante survient, et les œufs intacts, éprouvent des modifications diverses : ils se flétrissent à l'ovaire par un travail organique rétrograde, et le vitellus ne remplit plus la cavité de la zone transparente : les granules vitellins ne sont plus appliqués à la face interne de cette membrane. Au lieu de former un sphéroïde, le vitellus prend diverses configurations irrégulières, il se divise même en plusieurs petites masses secondaires près d'un globule principal; il devient encore libre et flottant dans la zone. On a prétendu que sa périphérie hérissée de cils, lui permettait de rouler à l'intérieur de l'ovule quand on imprimait un mouvement de rotation. Ce fait, cité par Bischoff, de même que les traces de fluide que cet ovologiste dit avoir vues, une fois, entre le jaune et la membrane vitelline, méritent de nouvelles recherches.

La séparation consécutive du vitellus et de la zone, laisse un intervalle qui n'est jamais comblé par de l'albumine.

La petite masse compacte qui forme le vitellus de la femme, a paru enveloppée par une seconde membrane vitelline, par une membrane propre du jaune, primitive, ovarique. L'erreur provient de plusieurs causes. Un ovule plongé dans l'eau absorbe par endosmose le liquide d'immersion, et cette fraction fluide le circonscrit comme une zone plus claire. L'eau ne se combinant pas de suite au vitellus, ouvre la zone transparente, l'eau s'échappe avec le vitellus et les granules vitellins se dissocient : effet qui n'aurait pas lieu s'il était contenu dans une seconde membrane. La différence de densité, de consistance des granules, amène une différence dans le résultat ; les carnassiers ont des globules obscurs qui s'éparpillent rapidement ; la femme a des granules qui restent plus longtemps serrés, cohérens. Quand on applique le compresseur sur le vitellus globuleux, isolé, libre, il s'étale sans faire éclater de membrane vitelline spéciale. Dans les œufs rétrogrades, le jaune ne remplissant pas tout à fait la zone, l'intervalle a donc paru occupé par cette membrane vitelline. Le disque interne de la zone a même été pris pour une membrane vitelline distincte.

Les globules vitellins eux-mêmes sont-ils pourvus d'une enveloppe cellulaire? Ils sont libres et réunis par un fluide visqueux. Les globules les plus gros ont la forme sphérique, les bords obscurs et la surface éclatante des globules de graisse. Ils donnent du brillant à l'ovule et surtout la teinte jaunâtre ou opaque caractéristique. L'eau froide les crispe et les resserre. Le vitellus des ruminans et des rongeurs s'étend en filamens fins et granuleux.

Au milieu de la masse sphéroïdale à gros grains et obscure, Baer a signalé l'existence d'une petite excavation, très apparente dans les œufs mûrs : c'est la ***vésicule*** du ***germe*** de Purkinge : vésicule sphérique, close, d'une transparence extrême, très fragile et remplie d'un liquide hyalin très clair. La nature de ce fluide, encore indéterminée, se rapproche de l'albumine par sa coagulation à l'aide de la chaleur, des acides et de l'alcool.

La vésicule du germe, d'autant plus considérable que l'ovule est plus petit, a reçu les expressions synonymes de ***vésicule germinative***, de ***vésicule proligère***, de ***vésicule animale primaire.*** Bernhardt, Coste et Valentin, en 1834, ont trouvé la vésicule germinative dans plusieurs espèces. Elle n'est pas, ainsi que le croit Wagner, enchâssée dans un cumulus à gros grains de même que la vésicule proligère des oiseaux. La tunique de la cellule du germe est lisse, homogène, anhyste.

En 1835, Wagner a découvert la tache germinative (*macula germinativa*). De petits corpuscules opaques contenus dans le liquide transparent de la vésicule germinative forment la tache proligère. Dans l'ovule, la tache obscure frappe plus la vue que les contours clairs de la vésicule. Le nombre des corpuscules est très variable : il augmente par la compression, ainsi que Valentin l'a constaté. Quant à sa forme, la tache ressemble à un globule de graisse brillant et lisse avec des bords obscurs : ce n'est pas une vésicule, ni un agrégat de cellules. Elle n'existe pas dans toutes les espèces. Wagner en a fait la partie fondamentale de l'œuf, le germe vivant et primordial. (*Voyez pag.* 17).

CHAPITRE III.

DE L'OEUF DES OVIPARES.

L'œuf des vertébrés ovipares est tantôt complet et tantôt ncomplet à l'ovaire : dans les oiseaux une simple capsule ovarienne (*theca*) contient l'ovule (*nucleus*).

Art. 3. *Organisation de l'ovule des ovipares.*

Nous prendrons pour exemple de structure, l'ovule de la poule, qui est toujours libre et dégagé de toute adhérence dans la capsule ovarienne.

La *membrane vitelline* est une membrane close, très mince, pellucide, composée d'un seul feuillet. Elle est en rapport immédiat avec la capsule ; quoique dans certaines espèces il se fasse une légère séparation entre ces deux membranes, l'intervalle compris entre la capsule et la vésicule vitelline ne contient jamais de liquide albumineux.

Le *blanc* de l'*œuf* manque à l'ovaire des oiseaux : il existe dans la composition ovarienne d'un grand nombre d'ovipares.

Le *vitellus* ou le *jaune* de l'œuf est partout en contact avec la surface interne de la vésicule vitelline. Il se compose de trois genres de globules, variables en quantité, variables en couleur, variables surtout par leur nature. Les globules primitifs ou albumineux donnent aux ovules leur diaphanéité originelle; ils sont en petite quantité : les globules vitellins ou opaques, très nombreux, forment la masse presque entière du jaune; ils sont plus compactes, plus concrets à la périphérie que vers le centre du jaune : enfin les globules colorans se composent des vésicules qui donnent au vitellus sa coloration spéciale. Schwan, en effet, a démontré que les granules jaunes sont des cellules closes renfermant les gouttelettes d'huile colorante. Le jaune est une émulsion animale concrète, qui se rapproche du lait par sa composition élémentaire. La chimie a retiré l'huile contenue dans les vésicules vitellines : elle a prouvé que le vitellus se compose d'albumine et d'eau, de phosphate calcaire, de traces de soufre et de phosphore libres, de soude, de chaux, d'albumine et de fer (*voyez El. de chimie*, par le professeur Orfila, t. II, p. 671).

MM. Valenciennes et Fremy ont cherché à démontrer dans un travail analytique récent, que la *composition chimique* des œufs des *ovipares* varie dans la série animale, qu'il existe dans le produit collectif de l'appareil ovarien, nommé *œuf*, des différences; mais elles sont hors du plan ovologique. Ils annoncent l'existence de plusieurs principes immédiats nouveaux *l'ichtine*, *l'ichtuline*, *l'ichtidine*, *l'émydine*, corps organiques qu'ils nomment *substances vitellines* ou *corps vitellins*.

Sous la membrane vitelline, il y a une couche très mince de granules qui, plus serrés sur un point, ressemblent à une petite zone, à laquelle Baer a donné le nom de *disque proligère*. De la face interne de cet amas de granules jaunes, s'élève une éminence mamelonnée, un *cumulus* au sommet duquel se trouve logée la vésicule germinative. La couche de vitellus, à granulations opaques et très épaisses, qui double en dedans la membrane vitelline, a été considérée à tort par quelques anatomistes comme une membrane granuleuse, propre, spéciale ou jaune.

Une *cavité centrale*, creusée dans la masse du vitellus, ressemble au matras des chimistes : son bas fond est renflé, clos de toutes parts, excepté par le canal ou goulot qui s'élève de la cavité jusqu'à la cicatricule, dans laquelle la vésicule germinative est parvenue à se hausser. Cette cavité a des parois fermes, lisses et résistantes ; elle contient une humeur onctueuse au toucher, citrine, claire, limpide.

La cavité oblongue du vitellus est la trace indélébile de la voie frayée par la *vésicule proligère*. Celle-ci a quitté son siége central, primitif, pour s'élever vers la périphérie du jaune et pour se loger au-dessous de la membrane vitelline, au sommet du cumulus. La vésicule germinative renferme un liquide transparent, hyalin : son volume est d'autant plus grand que le vitellus est plus petit. Purkinje a découvert la vésicule proligère. Elle ne se voit qu'à l'ovaire ; elle se brise ou disparaît toujours dans la cicatricule des œufs pondus.

La diaphanéité de la vésicule du germe est troublée par les corpuscules granulés obscurs, de la *tache germinative*, quand ces granules existent. En effet, l'existence de la tache proligère n'est pas constante : elle manque très souvent dans les oiseaux : elle n'est donc pas le noyau, le premier rudiment de l'embryon.

L'ovule se transforme en œuf dans l'oviducte. La membrane chalazifère et celle de la coque, membranes anhystes, formées par la condensation de l'albumine ; l'albumen ou le blanc et la coquille, élémens complétifs de l'œuf des oiseaux, et par extension des vrais ovipares, sont les produits de sécrétion de l'oviducte. Au lieu de se former en deux temps, l'un à l'ovaire, l'autre à l'oviducte, les œufs de certains ovipares, quittent le stroma étant complets.

Art. 4. *Organisation de la capsule des ovipares.*

La capsule est une excavation membraneuse, une expansion isolée et arrondie du stroma, destinée à contenir l'ovule jusqu'à sa maturité : elle représente, car elle n'est pas toujours une espèce de cellule pétiolée, mais une simple excavation, la cavité ovarienne qui contient la vésicule de Graaff des mammifères. Les ovologistes, et particulièrement Barry, Jones et Muller ont établi une fausse analogie de structure et d'identité de fonctions entre la capsule et le follicule, ainsi que nous le prouverons : ce sont deux membranes, l'une de l'ovaire, l'autre de l'œuf, parfaitement distinctes. Il y a autant de capsules ovariennes que d'ovules. Toutes sont pédiculées et cette disposition donne à l'ensemble de l'ovaire des oiseaux et de beaucoup d'ovipares, la forme d'une grappe. Les reptiles ont des ovaires à grappes, et des ovaires à sacs sur un autre plan de structure, les cellules ne sont plus pétiolées.

La membrane capsulaire ovarienne est plus mince, plus fragile à mesure que l'on s'éloigne du pédicule provenant du stroma. Il y a même une petite marque linéaire de la surface libre de la capsule, dépourvue de capillaires sanguins, décolorée, espèce de strie circulaire ou de ligne équatoriale qui est le *stigmate* : point vulnérable ou déhiscent de la capsule, très visible chez les oiseaux. Après la chute de l'ovule dans l'oviducte, la cupule pédiculée qui reste adhérente au parenchyme de la grappe s'appelle le *calice* (*calyx*).

La grappe se compose de grains inégaux en volume et en couleur : les plus petits sont blanchâtres, les moyens de couleur citrine, les plus grands de belle couleur jaune. Chaque grain se compose de tissu cellulo-fibreux, expansion du stroma, et de l'ovule.

La nature ne fait rien de trop : elle modifie le cadre de la création, mais elle le remplit ; elle veille sans cesse au maintien de ses œuvres : ses additions, ses retranchemens troublent en apparence l'unité de plan, en ovologie comparée, science encore au berceau, parce qu'ils semblent s'éloigner de la voie la plus simple, qui est sa règle générale. La vésicule de Graaff, par exemple, qui sécrète de l'albumine et la capsule ovarienne qui n'en sécrète pas, membranes qui n'ont de commun entre elles que de contenir l'ovule dans leur cavité attendent encore leur signification. Abandonnons les idées préconçues et suivons les faits pour devenir fidèle interprète de la nature.

La vésicule de Graaff est contenue dans une excavation du stroma : la capsule ovarienne est cette excavation même : celle-ci, après sa déhiscence, constitue le calice, quelquefois pédiculé, invariablement fixé à la grappe : celle-là, quoique susceptible de déhiscence à l'état normal, se trouve par accident, lors des grossesses extra-utérines, et chez certains ovo-vivipares, expulsée en totalité de sa gangue ovarienne.

L'analogie fondée sur la forme globuleuse et pédiculée de l'ovaire de certains mammifères est également erronée. La grappe de ces mammifères n'a que la forme de la grappe de l'oiseau : elle en diffère essentiellement par la structure. Chaque grain pédiculé de l'ovaire des oiseaux et des chéloniens, ainsi que je l'ai constaté, est constitué par une simple capsule : excavation du stroma qui renferme un seul ovule. Chaque grain également pédiculé de la grappe de la sarigue, de la truie et du hérisson, mammifères soumis à un examen plus attentif, m'a paru une expansion du stroma qui, loin d'être creusée d'une seule cavité pour contenir une vésicule de Graaff isolée, a ses parois remplies de petites cavités qui renferment les follicules ovariens rudimentaires, et d'une excavation centrale plus grande pour recevoir un follicule plus développé. L'ovaire vésiculaire de l'Échidné et de l'ornithorhynque est probablement formé sur le même plan de structure.

La tunique du follicule de Graaff est l'analogue de la membrane de la coque ; toutes deux, vésicules closes, distinctes par l'origine, ont pour usage de contenir l'albumine et l'ovule : toutes deux sont divisibles en deux feuillets principaux. Dans la formation du *sac à air*, la membrane de la coque se sépare d'elle-même, en ses deux lames distinctes. Cette membrane est anhyste et comme inorganique; la tunique externe du follicule est vasculaire et organisée ; différence de structure en rapport avec les modes de génération ovipare et vivipare. La distinction disparait ou s'efface dans l'ovo-viviparité, alors que la membrane de la coque s'organise. La lumière se fait sur l'organisation générale de l'œuf, en continuant cette comparaison naturelle : ainsi, la membrane chalazifère représente la membrane granuleuse, et, de même qu'elle a pour but de maintenir l'ovule en position, de même le disque proligère, véritable appendice chalazifère, retient l'ovule en place : ici, le point est fixe: là, il devait être mobile pour l'incubation. On a comparé avec raison la coquille, enveloppe protectrice, à la membrane caduque, membrane adventive ou de protection.

Il n'est pas impossible d'arriver à la classification du règne animal d'après l'œuf. Dans le tableau synoptique ci-dessous, je donne la division générale des classes et de quelques ordres dont j'ai besoin pour faire comprendre l'ovo-viviparité.

Ire Classe. — CELLULIPARES. Ils se divisent en deux ordres.	les gemmiparés. les fissiparés.
IIe Classe. — OVIPARES.	
IIIe Classe. VIVIPARES. Ils se subdivisent en trois ordres :	les monoplacentés. les polyplacentés. les aplacentés.

La souche des *cellulipares* est la cellule ovulaire simple.

Les *ovipares* ont l'œuf ovarique incomplet, représenté par l'ovule ou la cellule double. La vésicule albumineuse ne se réunit à l'ovule que dans l'oviducte pour constituer l'œuf entier, absolu.

L'œuf des vivipares, formé d'une triple cellule, est complet à l'ovaire. En effet, les vésicules du germe, du vitellus et de l'albumine se trouvent réunis dans l'organisation complexe de la vésicule de Graaff et de l'ovule.

Les espèces ovipares qui ont l'œuf complet à l'ovaire, c'est-à-dire, les vésicules du blanc, du jaune et du germe réunis à la manière des vivipares, s'éloignent du type de l'oviparité : elles acquièrent un mode de génération mixte, distinct, spécial : les unes manquent d'oviducte et les œufs traversent le ventre pour aller en dehors subir leurs évolutions : les autres, conservent l'œuf dans un oviducte incubateur et constituent la première base ou la souche de l'ovo-viviparité.

CHAPITRE IV.

DE L'OEUF DES OVO-VIVIPARES.

L'œuf des faux vivipares occupe une position exceptionnelle en ovologie : il est relégué à part, comme une anomalie, comme un phénomène naturel digne d'intérêt, seulement quant aux conditions d'existence du germe. Les naturalistes ont porté leur attention sur quelques animaux ovo-vivipares qui, au milieu d'un groupe ovipare, produisent tout ensemble à la lumière, l'œuf et le petit vivant. Ils ne sont pas allés au-delà chercher la cause, la signification, la loi de distribution des êtres soumis à ce mode particulier de génération : aucune classification n'a été faite. Les ovo-vivipares sont disséminés dans les classes naturelles aussi bien que dans les annales de la science; il faut les réunir, les grouper, les coordonner, car leur nombre tend sans cesse à s'accroître à mesure que l'observation devient plus attentive. En 1842, on a cité le fait curieux d'un zoophite, de *l'ophiure grisâtre*, qui contenait des petits encore vivans. On savait déjà que les planaires sont ovipares en automne et faux vivipares en été. Ces faits importans sont isolés, il faut les mettre en lumière.

La difficulté de frayer la première voie rationnelle et méthodique dans ce champ ovologique inexploré, rend la tâche difficile et sert d'excuse à cet essai.

La nature a établi une graduation marquée, une série composée de degrés intermédiaires entre l'œuf des ovipares et celui des vivipares : elle semble essayer ses forces pour détacher peu à peu le germe de la souche maternelle, elle ne le quitte qu'à regret, pour ainsi dire, en l'abandonnant aux chances de l'évolution extérieure. L'ovo-viviparité sert de transition, de ligne oblique pour mettre en rapport deux lignes ovologiques parallèles. Les propriétés différentes de chacune de ces lignes génératrices sont parfaitement définies : l'une brise l'œuf à l'ovaire pour faciliter à l'ovule le passage à travers la trompe de Fallope, et sa greffe prochaine à la matrice ; tel est le mécanisme de la viviparité : l'autre abandonne l'œuf au monde extérieur qui lui sert de berceau : c'est l'incubation des ovipares. La ligne mixte, oblique, intermédiaire ou l'ovo-viviparivité débute par l'incubation et se termine par une espèce de gestation. L'incubation a toujours lieu avec l'œuf entier, même lorsqu'il est retenu sur le sol maternel : la gestation véritable ou la greffe animale appartient à l'ovule. Donner à l'utérus le nom d'oviducte incubateur, c'est employer une dénomination vicieuse, puisqu'elle confond deux actes physiologiques entièrement distincts.

Quand un ovipare se transforme en ovo-vivipare, l'ovule doit préalablement acquérir la vésicule albumineuse pour constituer l'œuf. Privé d'albumine, l'ovule, quoique fécondé, demeure en état d'inertie. A la grappe de l'oiseau, il n'y a jamais d'incubation, bien que, par un seul accouplement, douze, quinze et même plus de vingt ovules soient simultanément fécondés. Les ovules tombent de l'ovaire à des intervalles variables ou par chutes successives, ils s'entourent d'albumine dans l'oviducte, en d'autres termes, ils deviennent complets et propres à l'incubation. La force vitale d'impulsion existe alors à la grappe, comme dans l'oviducte, comme après la ponte, mais elle reste à l'état latent. Que l'ovule entouré d'albumine et de ses enveloppes nouvelles, moins la coquille, séjourne dans l'oviducte de l'oiseau, du reptile, du poisson, que la vésicule de Graaff, aussi fécondée, reste indéhiscente, aussitôt l'œuf sera couvé et l'évolution du germe commencera :

Telle est l'origine de l'ovo-viviparité. Tiedeman et Carus ont observé l'évolution de l'œuf de l'oiseau trop longtemps retenu dans l'oviducte et tombé dans le ventre. Ils attribuent ces faits importans à une anomalie, ayant une cause pathologique, parce que le principe de la formation des ovo-vivipares est, jusqu'ici, demeuré inconnu. En 1844, j'ai annoncé, dans mon mémoire, la chute de la vésicule de Graaff et le commencement de l'évolution du germe : ces nouveaux faits établissent l'ovo-viviparité des mammifères.

Dans la seconde section de ces nouvelles recherches je me propose de prouver que la femme et les mammifères sont naturellement vivipares par l'ovule, et ovo-vivipares accidentellement par la vésicule de Graaff.

L'œuf complet, sans la fécondation, ne détermine pas l'ovo-viviparité. Les oiseaux pondent des œufs, privés de l'influence de la liqueur séminale, et de pareils œufs se pourrissent pendant l'incubation. L'histoire naturelle nous offre d'autres exemples. Les œufs mûrs de quelques espèces appartenant aux familles des cyclostomes et des salmones (1), tombent constamment de l'ovaire dans la cavité péritonéale, séjournent quelque temps dans cette cavité, la remplissent parfois, et le germe ne se développe jamais dans le ventre de la mère parce que les œufs ne sont fécondés qu'après la ponte.

La formation normale et fixe des ovo-vivipares repose évidemment sur trois phénomènes essentiels : 1° La fécondation préalable de l'œuf au sein de l'organisme : 2° le séjour prolongé, normal ou accidentel, de l'œuf fécondé sur le sol maternel ; 3° l'œuf doit être entier, absolu, composé de ses trois vésicules, la germinative, la vitelline et l'albumineuse.

(1) Certains poissons, privés d'oviducte, composent un type particulier. L'ovaire sécrète l'albumine, le chorion et la coque protectrice des œufs qui, à l'époque de la maturité, sont expulsés simultanément de l'organisme sans être fécondés. Carus a démontré par quel mécanisme les œufs mûrs de la truite (*Salmo*, Cuv.), du saumon (*Salmo salar*, Linn.) et de la lamproie (*Petromyson*, L.) s'échappent des ovaires lamelleux, tombent dans la cavité abdominale et sont transmis au dehors par une ouverture particulière et unique située près de l'anus à l'instar de l'orifice anal double des squales et des raies.

Quelle loi naturelle préside à la distribution des ovo-vivipares dans le règne animal? De toutes les conjectures, la plus vraisemblable que l'on puisse former, a trait à la conservation de l'espèce. Il est très certain que, dans plusieurs circonstances, les animaux soumis à l'ovulation, deviennent tributaires de l'ovo-viviparité.

L'œuf est le moule du nouvel être : le rudiment de l'espèce. L'œuf détruit, l'espèce serait perdue. Il est donc toujours surveillé, protégé et mis en lieu sûr (1).

La nature n'a pas prodigué, sans raisons graves, les moyens de conservation de ce fragile élément des êtres organisés, soit par une multiplication infinie, comme chez les poissons, soit en combinant les différens modes de génération. La femme et les mammifères sont vivipares, et de plus, ovo-vivipares. Les oiseaux naturellement ovipares deviennent aussi de faux vivipares. Les reptiles et les poissons offrent de nombreux

(1) L'industrie de la femelle dans la conservation de l'œuf mérite quelques remarques particulières chez les invertébrés. La *lycose* déchire la coque de ses œufs au moment de l'éclosion des petits : ceux-ci, à la sortie du cocon, s'attachent à la mère et ne lâchent prise que lorsqu'il sont assez forts pour vivre séparés d'elle. La femelle de l'*araignée domestique* supporte entre ses mandibules ses œufs réunis, agglomérés en petite masse. Le *micrommate argelas*, d'après M. Dufour, les pose au fond de sa retraite et les couve. Le plus grand nombre des arachnides demeure sur le cocon qui les renferme; il y a des espèces qui le transportent, après l'avoir appliqué au ventre, à l'anus, à la poitrine. Les *pygnogonides* ont deux fausses pattes spécialement destinées à porter les œufs. Les *cypris* et un grand nombre d'espèces sécrètent une substance glutineuse destinée à les fixer aux plantes : déjà la mère se sépare de son produit. La *semblide* les dispose à la manière des quilles, et les *cousins* leur donnent la forme d'une nacelle qui flotte sur l'eau. Les *richards*, les *cynips*, les *sauterelles*, les *ichneumons*, sont armées à l'extrémité de l'abdomen d'une partie coriace, espèce de tarière, avec laquelle elles perforent le bois et les corps pour y déposer leurs œufs. Les *dytisques* ont un ovaire fouisseur pour cet usage. L'*œstre* confie de la sorte les siens à plusieurs parties du corps des herbivores. Chacun sait la sage prévoyance de l'*ateuchus* ou du fameux *scarabé sacré* des Égyptiens, celle des *abeilles*, qui placent la pâtée à côté de l'œuf pour la subsistance du petit qui doit éclore. L'œuf lui-même est toujours revêtu, dans les ovipares, d'une enveloppe protectrice : c'est une coque ovoïde, dure, coriace, dans les *hydrophyles* ; c'est une capsule multiloculaire, molle, gommeuse, puis coriace, hérissée de pointes et d'arêtes chez les *mantes*, etc.

exemples de ces deux modes de reproduction. Les mollusques, les arachnides et les insectes ont une richesse étonnante dans la propagation de l'espèce. Les diptères, parmi ces derniers, sont des ovipares, des ovo-vivipares et des nymphipares.

Qu'elle est donc la cause finale de l'éclosion de l'œuf au sein des organismes ? Détruire l'être malfaisant dans son origine, comme l'ibis détruit les serpens, au rapport d'Hérodote et de Cuvier, paraît, de prime abord, la raison suffisante de la création des ovo-vivipares pour éviter l'anéantissement complet de certaines espèces. Mais, dans ce mode de génération ; s'il naît des animaux nuisibles, tels que les serpens venimeux, il en existe beaucoup d'inoffensifs comme l'orvet et l'anableps. Conserver l'espèce est le but final de la nature dans l'ovo-viviparité : Il n'y a rien là d'extraordinaire, ni d'anomal : Tout est régulier et en rapport avec une génération qu'il importe d'étudier.

Art. 5. — *Classification des vivipares aplacentés.*

Je désigne, sous le nom de *vivipares aplacentés*, les animaux dépourvus de placenta. Ils se divisent naturellement en deux familles : celle des *ovo-vivipares* ; ici, le petit naît vivant et tout formé après l'incubation de l'œuf dans l'organisme ; celle des *nymphipares* ou *pupipares ;* là, le nouvel être sort du ventre de sa mère en passant à l'état de nymphe ou de chrysalide.

Dans la *famille* des OVO-VIVIPARES, il faut distinguer l'*ovo-viviparité interne*, quand l'œuf est couvé dans l'intérieur de l'organisme, de l'*ovo-viviparité externe*, lorsque les organes externes retiennent l'œuf pendant l'incubation.

Le lieu de l'incubation dans les organes nous servira à déterminer le nom du *genre* des faux-vivipares : il y aura des *ovo-vivipares ovariens, tubaires, abdominaux* et *dermoïdes*. Les uns se réunissent en *groupe naturel*, les autres constituent un *groupe accidentel*.

Au cadre étroit dressé par les naturalistes sur les espèces ovo-vivipares, et limité à certaines variétés d'ovipares, je viens ajouter les *vivipares extra-utérins*, lorsque les œufs se développent en dehors de la cavité de la matrice, et les *ovipares incubateurs externes* dont les œufs tiennent au corps de la femelle pendant toute l'incubation. Nous devons ce progrès à la connaissance de l'œuf réel. Tant que l'organisation générale et absolue de l'œuf demeura inconnue, nul lien ne parut rattacher les unes aux autres des conditions ovologiques si diverses. On nomma grossesse extra-utérine le phénomène incompris de l'ovo-viviparité de la femme et des mammifères : on ne sentit pas la corrélation ovologique qui existe entre l'incubation en dedans et en dehors des organismes.

Ier genre. — Les OVO-VIVIPARES OVARIENS se divisent en deux groupes ; l'un, *naturel*, comprend les poissons ordinaires susceptibles d'accouplement et dont les petits se développent, éclosent à l'ovaire, et sont transmis en dehors par un canal très court. Les espèces sont :

1° Les *blennies* ou *baveuses* (*blennius viviparus*, LIN. *blennius ovo-viviparus*) du genre zoarcès de Cuvier.

2° Le *boulereau* ou *goujon de mer* (*Gobius*, LIN).

3° *L'anableps* (*cobitis anableps*, LIN.) anableps tetrophthalmus de Bloch.

Les *pœcilies* (*pœcilia vivipara* de SCHNEIDER), poissons ovo-vivipares des eaux douces de l'Amérique, ont le chorion et l'albumine nécessaires à l'évolution du germe sécrétés à l'ovaire.

L'autre groupe est accidentel : Il est formé par les grossesses ovariques de la femme et des autres mammifères.

IIe genre. — Les OVO-VIVIPARES TUBAIRES les plus connus de tous, sont également *naturels* ou *accidentels*.

Le premier groupe comprend les espèces suivantes :

1° Les *marsupiaux* ou *didelphes* : Les fœtus de kanguroo et de sarigue, soumis autrefois à mon examen, m'ont paru dépourvus de l'empreinte du cordon ombilical ; stigmate propre aux mammifères. Ces fœtus, à peine ébauchés en naissant, ont l'abdomen entièrement lisse comme les ovo-vivipares naturels.

2° Les *monotrèmes*.

3° L'*orvet* (*anguis fragilis*, L.) nommé *serpent de verre* parcequ'il se brise avec la plus grande facilité comme l'ophisaure. Il produit ses petits vivans à l'automne et au printemps.

4° La *salamandre terrestre* (*salamandra*, L.).

Je dois à l'obligeance de M. de Viennay, qui m'avait envoyé plusieurs salamandres, d'avoir pu faire une étude suivie de ces ovo-vivipares. Dans la dilatation de l'oviducte, j'ai trouvé l'œuf, constitué par deux fines membranes le *chorion* vasculaire et *l'amnios* anhyste, remplies d'un liquide visqueux au milieu duquel se trouvait l'embryon. L'œuf en totalité baignait dans une matière gélatino-albumineuse abondante sécrétée par l'oviducte incubateur.

5° La *salamandre commune* (*lacerta salamandra*).

6° Les *serpens venimeux*, dont la génération est connue, et notamment la *vipère*, qui a reçu son nom par contraction de *viviparus*, vivipare. L'incubation des œufs de la vipère dure de trois à quatre mois. Le nombre des œufs fécondés est variable. Les vipéraux contournés sur eux-mêmes dans l'oviducte et enveloppés des membranes chorion et amnios acquièrent une longueur de plusieurs pouces au moment de l'éclosion. A leur sortie, ils entraînent avec eux les débris des membranes. Le chorion n'est pas une vésicule caduque, il est aminci et très vasculaire.

7° Plusieurs *lézards* sont ovo-vivipares, suivant M. Flourens. (Voyez *Cours sur la Géné. l'ovol.* pag. 166.)

8° Le *requin* ou *requiem* (Καρχαριοσ. d'Athénée, *squalus carcharias*, Lin.)

9° *L'émissole* (*squalus mustelus* Lin.), possède une vésicule albumineuse très développée. Stenon a fait l'anatomie du fœtus de ce poisson.

10° Le *Renard de mer* (*carcharias vulpes*). Rondelet prétend que ce squale cache ses petits dans son estomac et qu'il en est ainsi de plusieurs chiens de mer. Les erreurs sont nombreuses touchant la génération des poissons. On a cru que, par une prévoyance instinctive, les femelles avalaient une partie des œufs pondus et ensuite la laitance déposée, pour opérer la fécondation dans leur gueule et dans leur estomac. On a même ajouté qu'il y avait incubation dans les organes digestifs. Les femelles, de même que les mâles, n'avalent des œufs que pour se nourrir et par voracité.

11° Plusieurs *raies*. — La génération de la *raie batis* (*raja batis*, LIN.) se range dans l'ovo-viviparité. Après l'accouplement, deux ou trois œufs fécondés sont soumis à l'incubation dans la dilatation de l'oviducte. Les petits se développent, et, au moment de l'éclosion, ils sortent tous en brisant les membranes de l'œuf parce qu'ils sont assez forts pour vivre séparés de leur mère. On les voit traîner après eux ces débris membraneux. Les coques des œufs d'une raie ovipare ont la forme quadrangulaire : elles sont membraneuses, résistantes, terminées à chaque angle par des espèces de vrilles, appendices cornés cylindriques : elles sont nommées rats marins (*mures marini*).

12° La *paludina vivipara* (la vivipare à bandes de Géoffroy. — *Helix vivipara*, LIN.) De même que chez les pucerons, une seule fécondation suffit dans la paludine vivipare à plusieurs générations successives. Spallanzani croyait cette espèce hermaphrodite, mais Lister a prouvé que les sexes sont séparés. Swammerdam a constaté la rotation du vitellus dans cette pectinibranche.

13° Le *scorpion* Σκορπιος, *scorpio*. Lors de l'éclosion, les petits s'échappent en plusieurs fois par les deux vulves. Ils grimpent sur le dos de leur mère et s'y fixent jusqu'à ce qu'ils soient assez forts pour la translation spontanée au loin.

14° Dans les oviductes très longs et repliés des *ascaridiens*, parmi les helminthes, les ovules se transforment en œufs : le séjour prolongé de l'œuf entier pendant l'incubation détermine la formation de petits vivans.

Le *second groupe* comprend les grossesses tubaires de la femme et des mammifères et l'incubation accidentelle dans l'oviducte des oiseaux.

IIIe Genre. — Les OVO-VIVIPARES ABDOMINAUX n'existent pas à l'état naturel. Aucun animal ne se développe, libre et dégagé des membranes de l'œuf dans le ventre de sa mère.

Tous sont contenus dans une poche kystale très vasculaire : tous sont dépourvus de placenta régulier, normal.

Le groupe accidentel des ovo-vivipares abdominaux se rapporte aux grossesses ventrales extra-utérines.

IV. Genre. — Les Ovo-Vivipares dermoides, tous *naturels*, font partie de la seconde division générale dans laquelle les œufs sont retenus et couvés dans les organes externes de la femelle. Ils se subdivisent en trois variétés :

A° *L'ovo-vivipare dorsal* a ses œufs logés dans les excavations cutanées du dos.

1° Le *pipa* (*rana pipa*, Lin.) Après l'accouplement qui se fait à la manière des batraciens, le mâle s'empare des œufs pondus et fécondés, les place dans les cellules ou alvéoles dorsales de la femelle, et l'incubation a lieu dans chaque cellule. Quand les petits sont éclos, la mère se frotte contre les corps durs pour enlever toute la production épidermique hypertrophiée.

2° Les *daphnies* (*daphnia*, *Muller*). La femelle est à la fois ovipare et ovo-vivipare. Les œufs qu'elle pond, au nombre de deux, et qui sont destinés à séjourner dans la vase pendant l'hiver, ont une double enveloppe qui les renferme. Comme ils sont de plus entourés de la membrane qui tapisse la cellule dorsale, on a pensé qu'il y avait là maladie, appelée *ephippium* ou *selle*. La cavité dorsale est située entre la coquille et le corps, elle communique avec les ovaires latéraux, et selon Jurine, les œufs ordinaires et nus arrivent dans cette cavité et y séjournent comme dans une matrice. L'éclosion a lieu lorsque les petits sont assez forts pour vivre isolés. Un seul accouplement féconde les femelles de six générations successives.

3° Les *limnadies*) *genre des crustacés lophyropes* de M. Ad. Brongniard) ont à peu près la même organisation, si ce n'est que les œufs se trouvent fixés par de petits filets dans la cavité dorsale. Les limnadies se rapprochent du genre des apus : la génération de ces crustacés mérite d'autres recherches, comme celle de l'*artemia salina* (Leach).

B° *L'ovo-vivipare ventral* ou *caudal* a ses œufs dans une poche de la peau du ventre ou de la queue.

1° Le *syngnathe* ou *aiguille de mer* (*syngnathus acus*, LIN.) de l'ordre des lophobranches offre des particularités remarquables. Les œufs pondus glissent dans une fente cutanée primitive; là, selon l'espèce, ils sont couvés dans ce repli de la peau sous-ventrale ou sous-caudale, qui se boursouffle en forme de poche membraneuse, comme marsupiale. Siebold et Retzius prétendent que, dans cette espèce, les mâles portent sous la queue l'organe incubateur. La peau qui sert à contenir les œufs, sécrète beaucoup d'albumine semblable suivant Ratch'e, à l'albumen compris entre le chorion et la membrane vitelline. A l'époque de l'éclosion, la poche se fend d'elle-même pour livrer passage. Aristote, le premier, a fait connaître cette espèce d'opération césarienne naturelle. Le syngnathe vert (*singnathus viridis*) produit à la fin de juin, plus de cent petits assez bien formés pour vivre isolés de leur mère.

2° Les femelles des *malacostracés* (à yeux sessiles et immobiles), ont sous la poitrine une espèce de poche formée par les écailles; dans laquelle sont contenus les œufs fécondés, et qui est le siége ordinaire de l'incubation et de l'éclosion. Les œufs des *isopodes* arrivent dans une cavité membraneuse, recouverte des écailles que je viens de décrire. Au moment de l'éclosion, la poche s'ouvre, et les petits délivrés, tout formés, sont capables de se suffire à eux-mêmes.

3° Les *cyclopes*, après une seule fécondation, ont des générations successives. La femelle porte, de chaque côté de la queue, un sac membraneux diaphane, terminé à l'extérieur par un petit canal, et communiquant à l'intérieur avec l'ovaire : les œufs passent dans cette poche pour être soumis à l'incubation : s'ils s'en détachent trop vite, le germe est détruit. Les petits de ces crustacés, de même que ceux des argules et des branchipes, n'arrivent pas à la lumière ayant la forme de leurs espèces; de sorte, qu'à leurs différens âges, ils ont été appelés *amymones* et *nauplies*.

4° *La moule*, *l'anodonte*, etc., sont des mollusques acéphales qui, à une certaine époque, ont les branchies parsemées de petits bivalves d'après Cuvier. La génération ovo-vivipare des testacés n'est pas généralement admise. On a considéré ces petits êtres branchiaux comme des parasites.

C° Les œufs des *ovo-vivipares penicillés* ont la forme de grappes, de houppes, de pinceaux. Ils sont tous fixés sous la queue des femelles, à des appendices natatoires, ou à des fausses pattes en nombre variable. A ce dernier degré de l'ovo-viviparité, les œufs pondus, fécondés et retenus aux organes externes, éprouvent une certaine incubation, mais les petits n'éclosent pas: tels sont la langouste, le homard, l'écrevisse, etc.

La *famille* des NYMPHIPARES ou PUPIPARES, (1) appartient spécialement aux diptères. L'évolution de l'œuf est incomplète dans le corps de la femelle, et le petit, au lieu de sortir tout formé. n'a subi que la première métamorphose. Les moucherons seuls, donnent naissance à des êtres complets, entièrement organisés. Les pupipares forment deux genres distincts.

Les PUPIPARES VRAIS sont :

1° La *mouche vivipare* (musca carnaria). Réaumur a figuré les métamorphoses de la mouche de la viande : elle dépose des larves vivantes.

2° La *mouche des cadavres* (musca cadaverina).

3° Les *phores* (phora) produisent aussi des larves dont les métamorphoses ont lieu hors de l'organisme de la femelle

4° La *mouche aux flancs jaunes* (musca fera).

5° L'*hippobosque* (hippoboscus de ἵππος, equus, βοσκος qui vescitur). Ce diptère ne se trouve pas seulement chez les solipèdes, il s'attache encore aux chauve-souris, aux moutons, aux oiseaux (*nycteribie*, *melophage*, *ornithomyie*). — Les larves éclosent et se nourrissent dans l'utérus de l'hippobos-

(1) Réaumur donne aux hippobosques le nom de *nymphipares*. Comme ces insectes sortent à l'état de nymphe, en latin, *pupa*, Cuvier a formé la *famille naturelle* des *pupipares*. Ces heureuses expressions, tirées d'un mode de génération particulier, me serviront à classer la seconde famille des ovo-vivipares.

que, jusqu'au moment de leur métamorphose en nymphes. La chrysalide est contenue dans une coque luisante, molle, de forme lenticulaire, de couleur blanche, ayant un point noir et deux petites saillies cornées sur le bord qui la circonscrit. A l'air libre, la coque devient dure et très coriace.

Les **PUPIPARES FAUX** ou **PARASITES**, déposent les œufs dans certaines parties du corps d'animaux vivans et différens de leur espèce. Sur ce terrain organique d'emprunt les germes se développent à l'état de larves ; celles-ci sont expulsées comme les œstres pour subir au dehors leurs dernières métamorphoses. M. de Humboldt, au rapport de Cuvier, a vu des larves d'œstre, développées sous les tumeurs de l'abdomen des Indiens.

Les *pucerons* (*aphis*, LIN.), diptères ovo-vivipares, constitueront sans doute, une nouvelle espèce du groupe naturel des *ovariens*. Leuwenœck, le premier, a fait connaître la génération singulière des pucerons. Il a observé que les femelles, beaucoup plus nombreuses que les mâles sont ovo-vivipares ; et de plus, que les petits sortent du corps de leur mère à reculons, la tête la dernière. Les expériences de Lyonnet, de Réaumur et de Bonnet, ne laissent aucun doute sur l'emboîtement des germes fécondés chez les pucerons et sur les pontes successives des femelles, sans accouplement préalable. Il suffit d'un seul accouplement pour obtenir une longue série de générations. — Les femelles des pucerons pondent encore des œufs après la fécondation.

ART. 6. — *De l'organe incubateur*

L'ovaire, l'oviducte, le tégument externe ou la peau, éprouvent des modifications de structure qui servent également à caractériser l'ovo-viviparité naturelle.

L'ovaire des faux-vivipares se compose d'une poche membraneuse, mise en communication avec l'extérieur par un canal très court : et tapissée à l'intérieur par des œufs variables en nombre et en volume, et qui sont cloisonnés dans les cellules capsulaires fort irrégulières du stroma. Un même ovaire, ainsi qu'il est facile de le constater chez l'anableps, contient à la fois des œufs rudimentaires, des œufs mûrs et des petits tout formés. L'incubation des faux-vivipares ovariens appartient aux pucerons et aux poissons. L'œuf comme l'ovaire de ces vertébrés de la dernière classe, a un caractère particulier : les œufs des espèces ovo-vivipares sont généralement plus volumineux que ceux des espèces ovipares.

En principe général, les œufs des poissons osseux subissent leurs évolutions au dehors, et chez les poissons cartilagineux ils se développent en dedans : mais il y a de notables exceptions.

Le point du canal tubaire où l'œuf s'arrête a reçu de Duvernoy le nom d'oviducte incubateur. Pour le plus grand nombre des ovo-vivipares tubaires, ce point du canal, siége de l'évolution et de l'éclosion est marqué par un renflement spécial qui se développe comme une véritable matrice. La structure intime de l'oviducte se trouve même modifiée dans ses élémens constitutifs pour permettre à la cavité tubaire d'acquérir une ampliation plus grande : la membrane muqueuse est sillonnée par des plis très nombreux et les tuniques péritonéales et musculeuses sont plus largement développées.

La glande qui sécrète la coque dure, cornée, épaisse, jaune et protectrice de l'œuf des sélaciens ovipares, manque à l'oviducte des raies et des squales vivipares, le chorion devant être très mince pour absorber les élémens nutritifs et respiratoires du germe.

La génération singulière des marsupiaux et des monotrémes produit la ligne nouvelle des mammifères faux-vivipares ; les premiers ne mettent bas que des petits à peine ébauchés, des larves de mammifères qui se développent dans une poche sous-ventrale ; les œufs restent dans l'oviducte sans contracter d'adhérence, et c'est le propre de l'ovo-viviparité naturelle. L'échidné, l'ornithorhynque ont les oviductes qui s'ouvrent par un orifice distinct dans le canal de l'urètre, canal qui s'ouvre lui-même dans le cloaque. L'utérus à triple et quadruple cavité des marsupiaux n'est véritablement qu'un oviducte multiloculaire, ainsi qu'il s'en trouve d'autres exemples parmi les ovo-vivipares. La femelle du scorpion a une matrice, également composée de plusieurs canalicules ou oviductes, anastomosés, et dans laquelle se fait le phénomène de l'incubation et l'éclosion.

Les ovo-vivipares dermoïdes sont assurément tout aussi légitimement classés que les autres faux-vivipares ; les œufs de ces espèces nouvelles ne se trouvent-ils pas fécondés, couvés et portés par la femelle jusqu'à l'éclosion ? Les petits ne quittent le sol maternel que lorsqu'ils sont bien formés et assez forts pour nager ou pour marcher, afin de pourvoir à leur subsistance. Le tégument cutané qui est nécessaire à l'incubation des œufs, dans l'ovo-viviparité externe, ne le cède en rien aux modifications de l'ovaire et de l'oviducte.

La vésicule de Graaff ou la tunique kystale des grossesses extra-utérines est le chorion de l'ovo-viviparité accidentelle.

La famille des nymphipares a ses œufs soumis à l'incubation dans une véritable matrice. M. L. Dufour a découvert un organe musculo-membraneux, très dilatable, ayant pour usage, comme l'utérus, de contenir le produit de la génération de l'hippobosque. L'incubation s'accompagne dans cette espèce des phénomènes utérins ordinaires de la gestation ; le sac membraneux se dilate, refoule les viscères et finit par remplir toute la capacité abdominale. La peau du ventre disposée en membrane continue, extensible, se laisse distendre à un très haut degré. Le volume de la nymphe devient énorme, et l'on ne sait comment, après l'éclosion, elle a pu sortir du ventre de la mère. Les autres diptères pupipares seront du genre des *ovariens*.

Art. 7. — *Théorie des vivipares aplacentés.*

Comment se nourrit et se métamorphose en larve le germe contenu dans l'œuf ? Comment, en termes plus généraux, les vivipares aplacentés *naturels* et *accidentels* vivent-ils pendant l'incubation maternelle ?

L'existence du germe placé dans les conditions ovologiques nouvelles m'a conduit à étudier la viviparité de la salamandre terrestre et de la vipère commune (*coluber berus*). Aucune de ces espèces, pendant l'incubation, n'éprouve de destruction sensible de l'œuf : il ne se fait jamais d'exfoliation : la membrane de la coque persiste et se modifie : elle devient très mince, vasculaire, choriale. Le fluide albumineux sécrété empêche les adhérences de l'œuf sans nuire au contact vasculeux, et sert à la nutrition du germe.

L'évolution des ovo-vivipares se partage en deux périodes. Dans la première, l'œuf est couvé au sein de l'organisme par la chaleur animale, absolument comme il pourrait l'être se trouvant pondu et placé sous l'influence du calorique ambiant et de la chaleur de la mère. Le germe se développe, parce qu'il a reçu, par la fécondation, l'impulsion vitale, et également, parce qu'il trouve tout formés les premiers élémens nutritifs.

A cette incubation interne, variable pour la durée, succède la seconde période caractérisée, selon M. Flourens, dans les rapports de vascularité par contact réciproque qui s'établissent entre l'organe femelle et l'œuf. Le nouvel être s'identifie de nouveau à la mère. Il vivra désormais aux dépens de l'organisme maternel, dont la fécondation l'avait momentanément séparé après sa chute de l'ovaire, de même, que, dans son isolement primitif au sein des organes, alors qu'il était simplement couvé, il a vécu par lui-même sans avoir besoin de secours étrangers aux sucs de l'œuf.

Les grossesses extra-utérines consignées dans les écrits de la science prouvent que le kyste possède une grande richesse vasculaire : c'est la vésicule de Graaff dont la tunique externe a reçu cette augmentation : la membrane de la coque des ovo-vivipares, parmi les groupes d'ovipares, se couvre d'un beau réseau capillaire. La vésicule albumineuse devenue le chorion s'applique, sans se greffer, aux organes des ovipares : elle se greffe, au contraire, dans les vivipares : différence de rapports qui établit la distinction de l'ovo-viviparité naturelle et accidentelle.

Art. 8. — *Formation artificielle des faux vivipares.*

L'art de former à volonté des ovo-vivipares s'est présenté à l'esprit des naturalistes. Geoffroy, en privant d'eau les couleuvres, est parvenu à retarder la ponte et à changer ces ovipares en ovo-vivipares. Plusieurs autres reptiles pondent naturellement des œufs qui, en raison de leur séjour prolongé dans l'oviducte, ont déjà subi un commencement d'évolution : le petit est quelquefois distinct et comme ébauché. J'ai constaté la segmentation du vitellus et un commencement d'évolution du germe sur les œufs d'une salamandre aquatique privée d'eau. Modifier le régime et, en général, les conditions hygiéniques de la femelle, telle est la première voie expérimentale pour transformer un ovipare en faux-vivipare. On arrivera, à force de soins et de patience a défricher le terrain inculte de ce mode de génération important, où tout est nouveau, où tout est presque problématique. La ligature et la section de l'oviducte, après la fécondation. serviront sans doute à former des ovo-vivipares artificiels. Mais, à ce sujet, l'expérience est préférable à la théorie; une découverte est le fruit du travail plutôt que l'œuvre d'une pensée même ingénieuse. Cependant, le cercle des idées nouvelles est fort restreint et la puissance des faits nouveaux est sans limites.

De mes recherches il résulte que *l'ovule ne produit jamais l'ovo-viviparité*. Ce mode de génération s'établit dans le règne animal, quand l'œuf réel et fécondé se trouve retenu au sein des organismes. Un ovo-vivipare quelconque, naturel ou accidentel, a constamment l'œuf complet, absolu : tantôt les trois vésicules sont réunies à l'ovaire, comme l'ovule et le follicule de Graaff; tantôt la vésicule albumineuse se joint à l'ovule dans l'oviducte. Devant la loi générale qui régit l'évolution et l'identité de structure de l'œuf des ovo-vivipares, les grossesses extra-utérines, toujours formées par les trois vésicules, ont pris rang dans la classification. Il n'y a donc rien d'étrange à trouver les mammifères rangés ou groupés accidentellement parmi les vivipares aplacentés.

L'embryologie ajoute aux caractères ovologiques des différences et des analogies essentielles entre les deux groupes. L'ovovivipare *naturel* a les vaisseaux ombilicaux séparés, désunis; la ligne blanche est dépourvue de cicatrice ombilicale circonscrite : le chorion anhyste, pénétré de toutes parts des ramifications vasculaires ombilicales, s'organise, sans former de placenta. J'ai vu le réseau vasculaire périphérique sur l'œuf de l'anableps, de la salamandre et de la vipère : cette étude sera faite avec fruit sur les didelphes et les monotrèmes qui laissent tant d'incertitudes. L'ovo-vivipare *accidentel* tient encore à la viviparité par les vestiges d'un placenta irrégulier, par l'existence du cordon ombilical et le stigmate nommé ombilic. Mais il s'en éloigne et prend le caractère absolu de l'œuf des ovo-vivipares, à raison de la vascularité choriale ou kystale, permanente pendant toute la durée de la gestation : vascularité générale du kyste qui unit l'*œuf entier* à la mère.

II. SECTION.

OVO-VIVIPARITÉ DE LA FEMME ET DES MAMMIFÈRES ET MÉCANISME DES GROSSESSES EXTRA-UTÉRINES.

L'indéhiscence de la vésicule de Graaff fécondée, produit le phénomène de l'ovo-viviparité de la femme et des mammifères : accident de la fécondation en rapport avec un nouveau mode de génération, inconnu dans son origine, dans sa nature et communément appelé grossesse extra-utérine.

Un fait de cette importance exige, pour être admis, des preuves matérielles, authentiques : car il y a loin de construire une théorie à prendre la nature sur le fait. De Graaff comprit très bien qu'il fallait mettre en harmonie, la structure et le rôle physiologique de la vésicule ovarique, pour arriver à une démonstration rigoureuse de l'œuf des mammifères; mais, il fit fausse route dans ses expériences : il suivit le développement de l'ovule au lieu de l'évolution du follicule, libre, isolé du stroma. Dans la création idéale de l'*œuf maternel* différent de l'*œuf fœtal* ou de l'*ovule* qu'il venait de découvrir, Baer a touché de près à la réalité de l'organisation de l'œuf, sans y atteindre ; jamais le célèbre ovologiste n'a été témoin de l'indéhiscence de la vésicule de Graaff, fécondée et séparée du parenchyme de l'ovaire ; jamais, ni Baer, ni aucun autre n'a démontré l'évolution de l'ovule dans le follicule libre ; jamais, par conséquent, l'œuf réel des mammifères n'a reçu la sanction scientifique. L'idée ingénieuse et hardie du professeur de Kœnisberg, a même été traitée de pensée singulière par Dutrochet. L'ovule passe maintenant pour l'œuf de la femme et des mammifères. Mon but est de détruire cette grave erreur, en produisant des faits certains de la chute complète de la vésicule de Graaff de l'ovaire, avec développement soit de l'ovule soit du germe dans le follicule isolé du stroma. Je ferai précéder l'exposition des faits ovologiques et le mécanisme de ce nouveau mode de génération, de quelques réflexions touchant la cause finale de l'intersection de la trompe de Fallope.

Les anatomistes ont coutume de classer parmi les bizarreries de la nature, les phénomènes organiques qui semblent déroger au plan général toujours suivi dans un certain rayon de structure. L'intersection de la trompe de Fallope, le seul exemple qu'il y ait dans toute l'économie animale d'un organe sécréteur disjoint de son conduit excréteur, paraît une anomalie de ce genre. Mais l'ovaire *localise* les œufs et ne les secrète pas : et ensuite, la séparation de l'ovaire et de la trompe utérine repose sur une loi naturelle ; la limite de l'espèce.

Les germes innombrables des végétaux, des invertébrés et des vertébrés ovipares, sont soumis à des causes multiples de destruction qui ont pour objet évident, d'empêcher la propagation indéfinie des individus, tout en renfermant dans un cercle inévitable, l'espèce ou le moule créé par la nature. Pour un germe qui fructifie, combien de germes abortifs, égarés, perdus, détruits! La reproduction des mammifères, à raison de la protection intérieure des ovules, eût rapidement pris des proportions énormes, si la fonction génitale n'eût renfermé en elle-même une cause de destruction des germes: cause puissante, irrévocable, et en dehors du pouvoir des animaux. L'intersection de la trompe de Fallope, me paraît cette cause organique préétablie. Le mécanisme de l'application du pavillon à l'ovaire pour transformer en un petit appareil tubo-ovarique continu, l'organe ovifère et son conduit ovulaire, est tellement mobile qu'il manque souvent son effet, et de plus, quand il arrive, il ne se fait qu'à des époques préfixes chez les mammifères; ces époques s'annoncent par le rut, circonstance passagère favorable à la limite de l'espèce. La nécessité de l'acte de la fécondation se trouve d'autre part inscrite dans les voies de la génération des animaux, par une disposition spéciale du pavillon que nous ferons connaître, et, en vertu de laquelle, la contiguité des surfaces, pendant l'accouchement ovarique, se trouve, assez bien assurée, maintenue, et stable. La femme reproduit son espèce en tout temps; et la nature, pour obvier à la multiplication indéfinie des races humaines, a placé l'abus à côté de l'usage, la douleur près du plaisir : elle a de plus établi l'écoulement menstruel. La pathologie enseigne que les nombreuses maladies et la stérilité ont souvent pour cause l'acte de la reproduction trop souvent répété : ces détails s'éloignent trop de mon objet pour trouver place dans ce travail. Mais, il importe de faire observer que le pavillon frangé de la femme, est le plus mal disposé pour recevoir l'ovule : d'où arrivent la perte très fréquente des ovules, et, par conséquent, la limite de notre espèce d'après les vœux de la nature.

Le mécanisme du petit appareil tubo-ovarique dans les grossesses extra-utérines, repose sur les mêmes forces vitales et sur les mêmes lois physiques qui provoquent l'ovulation naturelle. La différence tient à la régularité ou bien au trouble violent et subit des mouvemens de la trompe de Fallope.

Les ovipares ont le mécanisme très simple : l'ovule augmenté de grosseur dans la masse de son vitellus, et parvenu à maturité, tombe, par son propre poids, dans l'oviducte; le fruit est mûr, il se détache. Rupture de la ligne équatoriale, déhiscence de la capsule et chute de l'ovule dans le pavillon de l'oviducte, sont les trois phénomènes successifs de l'accouchement ovarique des ovipares.

L'ovule des mammifères n'obéit plus aux lois de la pesanteur, il est trop petit, trop léger, même avec les débris du disque proligère dont il est entouré, pour agir par sa masse; quand la vésicule de Graaff éclate, il est plutôt lancé avec force qu'il ne tombe dans le pavillon de la trompe utérine. Après la rupture du stigmate et la déhiscence du follicule, l'ovule est précipité dans sa chute par le flot albumineux et par les puissances motrices de la trompe de Fallope.

Les retinacles de Barry ne sont pas des appendices particuliers. Débris du disque proligère, ils ont pour but, quand l'ovule est dans la vésicule, de le maintenir en position, et au moment de la déhiscence, ils l'empêchent de s'égarer en le retenant aux franges du pavillon par des laciniures granulées, irrégulières.

La rupture du follicule de Graaff est toujours précédée de deux phénomènes organiques : le premier est la sécrétion plus active de l'albumine, au temps du rut, sécrétion qui détermine la distension variable du follicule et l'amincissement progressif de ses tuniques ; le second se caractérise par la congestion sanguine, commune aux œufs mûrs de l'ovaire et aux capsules développées en grappe. La vésicule de Graaff, aussi bien que la capsule des ovipares, ont alors une configuration générale, constante, quant au réseau capillaire rougeâtre qui existe partout, excepté en un point blanchâtre, nommé le stigma. Ce point vulnérable et de la rupture prochaine du tissu capsulaire et de l'œuf se dessine par le retrait régulier des expansions vasculaires ramifiées. — Les plus savans auteurs comparent cette congestion sanguine tout ovologique, à un état inflammatoire, oubliant, que la phlegmasie dans ses modes variés et bien connus de terminaison, ne produit nulle part de corps jaune. Il y a ici, lésion d'un tissu complexe, et cicatrice physiologique.

Le mécanisme de la trompe de Fallope, très compliqué, produit la déhiscence de l'œuf et la rupture des membranes pellucides albuginées et péritonéales de l'ovaire : il s'exécute au moyen de puissances musculaires, vibratiles et érectiles.

Des forces motrices aussi délicates, aussi nombreuses, et surtout aussi différentes de nature éprouvent des variations extrêmes qui expliquent l'irrégularité des fonctions de l'appareil tubo-ovarique.

La plus grande comme aussi la plus variable de ces forces, est la contractilité des fibres du tissu propre de la trompe utérine : celle qui détermine toujours la série d'oscillations ondulatoires, caractérisée par des resserremens et des dilatations alternes. De Graaff, le premier, a observé l'ondulation de la trompe : mouvement vermiculaire que Bischoff compare à un élan général vers l'ovaire. L'agitation contractile a été provoquée par Haller, en excitant les fibres de la tunique moyenne des canaux tubaires, des mammifères, à l'aide des stimulans ; contractilité qui prouve leur nature musculeuse. Je suis parvenu à décomposer le tissu contractile des deux plans superposés et intimement unis; l'un, externe, longitudinal, se continue directement avec les fibres du plan superficiel de la matrice ; l'autre, interne, sous-muqueux, se compose de fibres circulaires, expansions des espèces de sphincters utérins des trompes de Fallope. J'ai vu la contraction vermiculaire, ondulatoire, se faire en deux temps successifs et très rapides : le mouvement antipéristaltique m'a paru destiné à favoriser le passage de l'ovule à la matrice ; le mouvement péristaltique sert évidemment à faire arriver le sperme à l'ovaire. Un simple défaut d'harmonie entre ces deux temps contraires, empêche la fécondation et l'ovulation.

La surface libre de la muqueuse tubale concourt principalement à la progression de l'ovule. Elle est agitée par les mouvemens des cils vibratils, très apparens à l'époque de la fécondation, et selon la remarque de Wagner, insensibles ou nuls pendant la grossesse et après la parturition. L'agitation ciliaire est toujours plus visible dans les trompes de Fallope que dans la matrice : le conduit vulvo-utérin est complètement dépourvu de cils. Henle a trouvé un épithélium vibratil jusqu'aux laciniures du pavillon frangé de la femme, de sorte que la vibration entière atteint les dernières limites de la trompe utérine. Ce genre de mouvement, d'après Valentin et Purkinje, se fait toujours en sens inverse de la direction naturelle du sperme parvenu dans l'utérus et se dirigeant du côté de l'ovaire. Lorsque l'oviducte est très loin de l'ovaire, comme dans les reptiles nus, et quand il manque, comme chez certains poissons, les ovules franchissent l'espace intermédiaire par l'action des muscles du ventre et par la vibration du péritoine.

Les mammifères ont un phénomène d'érection au pavillon frangé qui se surajoute aux mouvemens ondulatoires et ciliaires. Les fines injections pénètrent le tissu érectile de la trompe : elles ne sont jamais assez puissantes pour produire artificiellement sur le cadavre, comme Hartzoecker le prétend, l'application du pavillon à l'ovaire : elles déterminent, toutefois, un mouvement de redressement très notable de la trompe de Fallope. La sphère d'action de la partie frangée a ses limites ordinaires fixées par la laciniure adhérente à l'ovaire.

L'époque et la durée de l'application des surfaces tubaires et ovariques sont très variables. La contiguïté du réservoir des œufs et de son conduit ovulaire a été saisie, après la éconda- tion, sur un grand nombre d'espèces : chez la femme, par Littre : dans les lapines, par de Graaff et Cruishanck : les chiennes, les chattes, les cabiais, les rats, les vaches et les brebis ont été surprises pendant le mécanisme de l'appareil tubo-ovarique. Baer a vu la durée de l'application se prolonger quatre semaines chez les truies et les brebis.

L'application de la trompe à l'ovaire est un phénomène actif, érectile et contractile qui a pour but la rupture du follicule et la sortie de l'ovule. La compression exercée sur la vésicule devient ensuite passagère et intermittente, parce que, l'éréthisme et la contractilité sont des actes qui, par leur nature, sont passagers et intermittens. La connexion établie et prolongée du pavillon et de l'ovaire détermine encore une espèce de succion ou de ventouse sur le follicule qui se brise, ne pouvant résister ordinairement dans sa structure modifiée, contre tant d'efforts réunis et combinés.

Pendant l'action de l'appareil tubo-ovarique des mammifères, les ovules fécondés traversent tous simultanément le canal ovulaire : ils ne s'échappent jamais à longs intervalles ou par chutes successives. Les ovules observés dans la trompe et dans l'utérus ont constamment le même degré d'évolution. Avant ces recherches, on a prévu plutôt que démontré l'existence du passage de l'albumine qui s'établit de la vésicule de Graaff rompue vers la matrice : flot albumineux destiné à contribuer à la progression et à la nutrition de l'ovule dans la trompe de Fallope.

Le pavillon frangé déployé se maintient appliqué à l'ovaire, sans efforts très actifs, continus, mais d'une manière en quelque sorte passive, par simple juxta-position des surfaces : il s'oppose à la perte de l'albumine.

La coloration primitive et vasculaire de la trompe utérine, peu sensible pendant l'éréthisme, est remplacée par une congestion sanguine capillaire, rougeâtre, permanente. La turgescence consécutive s'étend à tout l'appareil tubo-ovarique : à l'état morbide, elle persiste après la parturition.

Une disposition particulière du péritoine qui se prolonge au-delà du pavillon des mammifères, présente le double avantage de s'opposer à la chute abdominale très fréquente des ovules aussitôt que la vésicule de Graaff éclate ; et de plus, de maintenir l'emboîtement plus immédiat, plus complet des surfaces tubo-ovariques. Dans beaucoup de carnassiers, on trouve que la capsule péritonéale de l'ovaire, véritable tunique vaginale de cet organe, est constituée par le ligament prolongé du péritoine qui entoure la trompe. Albers a fait, le premier, cette observation dans le phoque. Le capuchon de la séreuse se retrouve à la trompe utérine du chien et du chat (Duvernoy) ; de la fouine (Treviranus), de la chauve-souris (Wagner) ; du renard (Carus) ; de l'ornithorhynque (Home). J'ai constaté que le cougouard a la capsule périovarique très développée, et que, dans l'ours elle a des fibres musculeuses qui relèvent du tissu propre de l'utérus.

Le pavillon frangé s'ouvrant dans le capuchon péritonéal, se déploie plus facilement sur l'ovaire et y reste fixé : la trompe, canal vecteur des ovules, et l'ovaire, réceptacle des œufs, forment alors un système d'organes continus, structure normale des poissons osseux; résultat physiologique ordinaire dans la fécondation et au temps du rut.

Le pavillon frangé de la femme ayant des laciniures digitales érectiles, isolées et à peine palmées se trouve moins favorablement disposé pour recevoir les ovules que celui des mammifères. Il est véritablement plus merveilleux de voir un ovule franchir tant d'obstacles à l'ovaire et parcourir la filière de la trompe de Fallope, que de s'égarer en tombant dans l'abdomen. La durée prolongée de l'union des surfaces tubo-ovariques prévient naturellement cette chute accidentelle. Le docteur Panck explique la prolongation de l'application de ces deux surfaces par la présence d'une membrane de formation nouvelle. Il a vu sept fois la pseudo-membrane réunir la trompe à l'ovaire chez des femmes mortes après la conception. Est-ce de l'albumine coagulée qui constitue la production amorphe! Est-elle le résultat d'une altération pathologique? Chez des femmes mortes de fièvre puerpérale, j'ai observé, au milieu des lésions phlegmasiques de la cavité péritonéale, des détritus de pseudo-membranes qui unissaient le pavillon à l'ovaire.

L'insuffisance et la mauvaise direction des puissances vibratiles et contractiles, le trouble violent et subit de l'appareil tubo-ovarique produisent des effets bien différens : tantôt l'ovule tombe, s'égare, n'arrive pas à l'utérus et demeure abortif, tantôt il n'y a pas de déhiscence de la vésicule de Graaff. Placée à la périphérie de l'ovaire, peu adhérente au stroma, je l'ai trouvée libre, isolée, près de son réceptacle naturel. De ces deux accidens, l'un, s'il est fréquent, conduit à la stérilité; l'autre est la cause réelle, efficiente des grossesses extra-utérines.

Quand il y a chute de l'ovule, Bianchi soutient que le germe meurt presque toujours par défaut d'adhérence rapide de cet ovule au péritoine. De deux ovules également fécondés, il n'y en a souvent qu'un seul qui parvient à l'utérus. Une fille-mère succombe après ses couches à la Maternité : à la surface de l'ovaire droit, je trouve deux corps jaunes au même degré de formation, et cette femme n'est accouchée que d'un seul enfant. Que devient alors l'ovule isolé ? Privé des sucs albumineux nécessaires à la nutrition primordiale de l'embryon, l'ovule tombe, mais il tombe flétri quoique fécondé, et sans aucune chance de l'évolution du germe. Lorsque la gestation naturelle marche en même temps que la grossesse extra-utérine, c'est qu'il y a chute simultanée d'un ovule et d'un follicule de Graaff, tous deux fécondés.

Les trois vésicules de l'œuf sont indispensables à la formation des grossesses extra-utérines : point de vésicule de Graaff entière et fécondée : point d'évolution fœtale en dehors de l'utérus. J'ai sommairement indiqué ce nouveau principe d'ovologie dans la *Gazette médicale* du 29 août 1846. Il me reste à le mettre plus en lumière.

Les faits relatifs à la chute de la vésicule de Graaff consignés dans les annales de la science ont été généralement révoqués en doute, même par les observateurs de ces faits importans. La découverte de l'ovule, a pour ainsi dire, effacé les faits certains de la chute accidentelle de la vésicule de l'ovaire par deux motifs, d'abord, l'ignorance où l'on est touchant l'organisation de l'œuf, ensuite, le rôle physiologique inconnu de la vésicule albumineuse. Le follicule, considéré comme partie intégrante de l'œuf des mammifères, n'a donc pas encore trouvé sa raison d'être. Témoin de plusieurs accidens de chutes de follicules, je me suis conformé à l'opinion de Graaff et de Swammerdam dans le mémoire que j'ai présenté à l'Institut, le 15 juillet 1844, en admettant que l'œuf des anciens soit toujours nécessaire à l'évolution du germe. Il fallait une explication à des faits réels plusieurs fois observés. Entre le fait et l'opinion qu'il soulève, il y a, je le sais, toute la distance d'une vue de l'esprit à l'ordre naturel préétabli : l'erreur est dans le jugement, la vérité réside dans l'observation. Nier le fait, en raison de l'explication vicieuse, est une faute très grave qui a conduit les ovologistes à méconnaître la structure de l'œuf réel des mammifères, à l'ovaire; l'origine des grossesses extra-utérines, ou, en d'autres termes, la source de l'ovoviviparité accidentelle des vertébrés supérieurs.

Examinons les faits en eux-mêmes et leurs théories.

Malpighi a vu un œuf dans le canal tubaire. Une femme morte quinze jours après la conception avait dans la trompe, selon Burns, un œuf développé plein de liquide. Buissière a trouvé chez une jeune femme, la trompe adhérente à l'ovaire et une vésicule qui sortait du réservoir pour entrer dans le canal tubaire : fait grave, mais litigieux faute de détails. Vercelloni a observé l'œuf à une période plus avancée de la grossesse tubaire. Seiler a décrit et figuré un œuf arrêté dans la trompe. On objecte qu'il y avait altération du canal pour révoquer en doute l'authenticité du fait, comme si l'occlusion n'était pas consécutive quand la fécondation s'effectue. Les faits de la vésicule de Graaff, fécondée et développée, sont certains : mais leur signification reste incertaine, confuse, et tombe sous l'influence systématique. L'ovologiste ancien expliquait le phénomène par la chute du follicule ; l'ovologiste moderne, s'appuyant sur les lois de l'ovulation, soutient avec une apparence plus grande d'autorité, que l'accident est causé par l'ovule égaré ou arrêté dans sa route. La chute de la vésicule de Graaff ne devient appréciable et même admissible, tant le fait est rare dans les mammifères, que par l'étude des conditions indispensables à l'ovo-viviparité.

La chute de la vésicule n'enlève rien à l'importance du rôle physiologique de l'ovule de Baer. L'ovule seul, et entouré un instant de fluide albumineux, suffit au développement du nouvel être dans l'utérus : après la déhiscence de la vésicule de Graaff, il traverse la trompe et l'utérus à l'époque de l'ovulation spontanée, et s'arrête à la matrice quand il est fécondé. J'ai sous les yeux l'utérus d'une chatte morte peu de jours après la conception : les trois corps jaunes de l'ovaire droit ont révélé la présence des ovules sortis complètement libres dans la trompe du même côté. A l'ovaire gauche, il y a deux corps jaunes et les ovules sont arrivés dans le sommet de la corne utérine. La chute de l'ovule est l'état normal ; la chute de la vésicule ne sera jamais que l'accident ou l'ovo-viviparité chez les mammifères. Entre l'ovule et le follicule, il existe une telle différence de grosseur et de structure qu'il est difficile, à notre époque, de s'y tromper et de les confondre.

La physiologie expérimentale devait conduire à la formation des grossesses extra-utérines accidentelles. Nuck, en jetant une ligature sur la trompe de Fallope d'une chienne, après la fécondation, a produit une grossesse tubaire. Il a paru impossible à des esprits éminens que le canal vecteur des œufs puisse accomplir régulièrement ses fonctions, lorsqu'il a été dérangé de sa position et mutilé par la ligature. La cause de l'accident est tout entière dans le trouble produit, et le fait bien observé doit être exact. En 1839, deux fois, j'ai trouvé la vésicule de Graaff intacte, engagée dans le pavillon de la trompe de chiennes de très petite taille, auxquelles j'avais ouvert le ventre pour étudier le mécanisme de l'accouchement ovarique. Dans cette espèce, les follicules se brisent tardivement et les ovules ne traversent leurs conduits émissaires que plusieurs jours après la copulation : cependant l'application de la trompe à l'ovaire peut se faire pendant l'acte si long de la fécondation. L'effroi et la douleur ont certainement contribué à causer les contractions convulsives de la trompe utérine et à détacher les vésicules de Graaff, périphériques, peu adhérentes. L'excavation récente du stroma, le volume de l'œuf mesuré et en rapport avec cette excavation, l'application du pavillon à l'ovaire et la connaissance que j'ai acquise des caractères physiques de la vésicule isolée, libre, n'ont laissé aucun doute dans mon esprit sur la chute du follicule en totalité.

L'expérience par les vivisections étant très fugace et devenant négative, je me suis placé sur un plus vaste champ d'observations. Au lieu de chercher à produire le fait très rare et très capricieux de l'ovo-viviparité chez les mammifères, je l'ai étudié tout formé, en examinant avec le plus grand soin les organes de vaches, de brebis, de chèvres à l'abattoir de la barrière de Fontainebleau. Je me suis encore procuré les voies génitales de jumens, d'anesses, et une fort grande quantité de rats, de lapines, de chiennes, de chattes, de truies et cependant, au milieu de cette masse considérable d'animaux différens, après des investigations persévérantes qui ont duré plusieurs années, je n'ai vu que trois fois la chute de la vésicule de Graaff. Les gestations extra-utérines sont assurément beaucoup plus rares dans les mammifères que chez la femme.

Ire OBSERVATION. — *Follicule de Graaff parvenu dans la trompe d'une brebis.*

Sur une saillie très marquée de la trompe de Fallope, je suis parvenu, en disséquant par couches successives, à découvrir un petit corps sphéroïde, adhérent à la muqueuse par trois ou quatre filamens rougeâtres, et arrêté vers le tiers interne du canal. La cavité tubaire cathétérisée était libre partout jusqu'à l'œuf. MM. Thibert et Knox ont reconnu comme moi la vésicule ovarique engagée dans la trompe. Mais il fallait trouver l'ovule dans le follicule, et la pièce qui devait être moulée, étudiée de nouveau, s'est trop vite altérée.

Kuhlemann a trouvé une vésicule à peu près semblable à celle-ci dans le canal ovulaire d'une brebis, quinze jours après la monte. Cette vésicule étant attachée au conduit par quelques points de sa surface, il refusa de la considérer comme un œuf. M. Velpeau a cité le fait remarquable d'un kyste fœtal, du volume d'une noix, situé au milieu de la trompe de Fallope et adhérent, sans continuité de tissus, par sa périphérie. Ce kyste n'est assurément que la vésicule de Graaff arrivée à un plus haut degré de développement.

Le follicule, violemment ébranlé par le mécanisme de l'appareil tubo-ovarique, abandonne sa place originelle et glisse quelquefois entre la tunique albuginée et le péritoine de l'ovaire, chemine doucement à la surface de cet organe et se loge finalement entre les deux feuillets séreux des ligamens larges. Les vésicules du bord libre du réceptacle, à peine adhérentes, abandonnent ainsi le stroma comprimé par le pavillon, et vont se nicher dans le tissu cellulaire voisin. Deux fois, en 1840, j'ai constaté cette variété de *grossesse périovarique* sur des vaches. Je rappelle les faits.

IIe Observation. — *Ovule développé dans la vésicule séparée de l'ovaire.*

Une vache qui entrait souvent en chaleur fut abattue. Ayant examiné les voies génitales en position, je vis la trompe encore appliquée à l'ovaire. La vésicule de Graaff glissée sous le péritoine paraissait à première vue une proéminence du stroma. Elle s'était détachée sous la forme d'un petit corps ovoïde, globuleux, transparent, lisse à sa surface, sans union avec les tissus cellulaires et séreux périovariques.

La vésicule présente environ trois lignes de diamètre. La coction lui fait perdre sa diaphanéité et la rend dure, blanche et opaque. Le follicule étant divisé en deux segmens égaux, il existe sur l'un d'eux, un globule jaunâtre : c'est l'ovule. M. Flourens et plusieurs autres savans, auxquels j'ai montré cette pièce ovologique, ont reconnu l'ovule dans la vésicule, de même que, dans la pièce suivante, ils ont constaté la présence de l'embryon. Quel pouvait être, en effet, le globule jaunâtre, très apparent, si ce n'est l'ovule amplifié ? Ce globule granuleux, séparé par énucléation du blanc qui le renferme a la grosseur d'une tête d'épingle. La membrane vitelline, d'une fragilité extrême, se rompt par la compression de l'ovule, et les granulations du vitellus sortent avec leur caractère particulier. Écrasé sur le papier de soie, le jaune produit une petite tache grasse. Le blanc de l'œuf ou l'albumen coagulé est contenu dans une capsule ou kyste à deux feuillets : ce kyste est la tunique même de la vésicule de Graaff.

IIIe Observation. — *Germe développé dans la vésicule de Graaff isolée de l'ovaire.*

Le dernier fait, plus important encore, a été observé dans les organes de la génération d'une vache qui fut sacrifiée pour son caractère vicieux. L'ovaire droit très volumineux semble bilobé à l'extérieur, sous le péritoine. La dissection prouve que le lobule surnuméraire, en apparence, est une vésicule de

Graaff très développée qui tient au tissu cellulaire périovarique, dans la duplicature des ligamens larges.

L'œuf étant isolé du tissu cellulaire a perdu ses contours ovoïdes; il est oblong et du volume d'une grosse fève; il est transparent et ne présente qu'une tache centrale dans le sens de son plus grand diamètre. Soumis à la coction, il devient blanc, dur et opaque. Au moyen d'une incision longitudinale, je découvre un petit corps linéaire, placé presque au centre de la masse albumineuse. Le petit corps a une extrémité céphalique renflée et une extrémité caudale effilée. Il est légèrement curviligne vers le centre de l'albumen, et de plus largement ombiliqué et ponctué par des globules colorés qui dessinent la ligne interne d'un embryon. Le kyste divisible en deux feuillets est également formé par la tunique externe du follicule.

Ce fait, à part le siége différent de l'œuf, présente beaucoup d'analogie avec l'observation que nous devons à Grasmeyer, d'un petit corps situé dans la trompe utérine, et qui, douze jours après la fécondation, offrait déjà une trace de l'évolution du germe semblable à celui de l'oiseau dans *l'area germinativa.*

M. Velpeau me paraît de son côté avoir observé le follicule fécondé, au moment où il abandonne l'ovaire « après avoir isolé la trompe qui était saine, dit le savant ovologiste, nous reconnûmes que le détritus de conception occupait *un sac particulier* entre la *couche péritonéale* et la *membrane propre* de l'*ovaire* qui en était entièrement distincte. » La grossesse périovarique, décrite à une période avancée sous le nom de grossesse sous-péritonéo-pelvienne, a été très-bien observée par Lobstein. Dans cette variété, l'œuf parvenu à son plus grand développement, se surajoute toujours la séreuse abdominale sans la perforer pour tomber dans la cavité du péritoine.

Avant la dissection et après l'examen, la coction est la meilleure méthode à employer pour distinguer de suite le follicule de Graaff d'une tumeur vésiculaire, anormale, ayant le même volume et la même apparence que l'œuf des mammifères; quoique le procédé d'investigation à l'aide du calorique, voile et même détruise d'autres caractères précieux de la première évolution du germe.

Il n'est pas très rare de rencontrer des vésicules limpides, séreuses ou des hydatides au pourtour de l'ovaire et du pavillon frangé. Après la coction, le kyste hydatique conserve sa transparence : l'œuf devient opaque, blanc et dur. On trouve dans Manget le diagnostic différentiel assez bien établi entre les hydatides et les œufs. « *Aliud vesicularum genus hydatidum nomine notum duplici ordinario constat tunicâ, cujus interior licet tenuissima sit, ab exteriori tamen haud difficulter separatur*, nec liquor, *in illis contentus coctione* facilè indurescit. *Contra verò communes ovorum tunicæ a se invicem ægre dividuntur, atque illorum liquor coctione illicò indurescit.* » T. Anat. t. II, p. 64. La coction a été depuis longtemps mise en usage pour comparer l'albumine de la vésicule de Graaff à celle de l'œuf des ovipares. Les recherches comparatives ont été faites à l'ovaire et non sur les œufs des mammifères isolés du stroma. Dans le chapitre *De Testibus muliebribus, sive ovariis*, de Graaff dit : « *Propter accuratam similitudinem, quam cum ovis in avium ovario contentis obtinent : nam illa dum adhuc minora existunt, præter tenuem quendam liquorem instar albuminis nihil continent ; albumen illud etiam in fœmineis ovis existere, non injucundô spectaculô conspicitur, si illa excoquuntur ; liquor enim in testiculorum ovis contentus coctione eundem calorem, saporem ac consistentiam acquirit, cum albumine in avium ovis contento.* » Aucun ovologiste ne peut douter de l'existence de l'albumine du follicule. Castro l'a très bien vue dans les vésicules, quand il dit des *sinus* de l'ovaire : « *Aut ovi candido liquori, plenos.* » *De Nat. mulier.*, Lib. I, c. 4.

CHAPITRE V.

DU KYSTE DANS LES GROSSESSES EXTRA-UTÉRINES.

Le fœtus extra-utérin n'est jamais libre ni flottant dans les organismes. Une poche membraneuse, tour à tour appelée *sac vésiculaire*, *poche embryonnaire*, *matrice accidentelle* et communément *le kyste*, renferme l'embryon et subit en même temps que lui un accroissement graduel, une transformation successive dans sa structure. La forme, l'étendue, la situation et l'anatomie médicale du kyste font partie de la description des grossesses anormales; mais l'origine et la nature intime sont encore inconnues.

Dans le principe, le sac prend une configuration semblable à l'œuf lui-même dont il fait partie intégrante. Il ne tarde pas à se déformer pendant son évolution pour se prêter aux anfractuosités des organes voisins qu'il refoule bientôt à son tour, à mesure qu'il devient plus fort et plus volumineux. La poche membraneuse dans laquelle le fœtus s'est développé a toute l'étendue et toutes les fonctions du chorion dans la gestation naturelle.

Il est certain que le chorion remplit l'office de kyste pendant les grossesses extra-utérines, et de plus, qu'il est formé par la vésicule de Graaff. Mes recherches relatives à l'œuf réel et à l'ovo-viviparité militent complétement en faveur de cette histologie.

L'anatomie pathologique détruit peu à peu les caractères physiques du follicule : loin d'éclairer l'origine primitive du kyste, elle complique singulièrement par son voile altéré, ténébreux, le problème ovologique. J'ai démontré la division bilaminée de la poche embryonnaire, aussitôt après la chute de la vésicule ovarienne. Baudelocque a retrouvé à une époque très avancée de la grossesse extra-utérine, cette division bifoliée et membraneuse, et Désormaux, a rapporté les deux feuillets aux membranes de l'œuf. M. Mariano Casaubon dit : « La consistance du kyste ressemblait à celle des membranes chorion et amnios, prise dans une gestation normale. » L'altération des parties voisines ne permet pas toujours d'établir avec exactitude la nature et le nombre des membranes de l'œuf; les membranes elles-mêmes éprouvent les plus profondes modifications dans leur structure intime; Baudelocque les a vues, une fois, égaler l'épaisseur de l'intestin grêle et creusées de sinus sanguins. Tout se modifie, tout change avec le temps dans le cercle ovologique, de sorte que, si l'on ne se place pas au même degré du dédoublement organique, on ne trouve qu'une membrane, très variable dans sa composition quand, à son origine, elle a formé deux feuillets distincts.

L'incertitude touchant la nature intime du sac membraneux l'a fait comparer au chorion, à la membrane caduque et même au placenta. M. Sedillot avait-il en vue le réseau vasculaire de la périphérie de l'œuf, qui apparait sans formation d'un placenta régulier, quand il a imaginé une masse placentaire tenant lieu de matrice au germe? Le kyste a été assimilé par M. Hirtz, à la membrane adventive enveloppant l'œuf de toutes parts, ainsi : « la surface interne est rouge, rugueuse; à l'extérieur elle est lisse, partout adhérente en avant et sur les côtés avec le péritoine, en haut avec les épiploons. » La comparaison du kyste au chorion admise par M. Lallemand, conforme à nos recherches sur l'ovo-viviparité, est plus juste, parce que le lacis vasculeux rouge brun développé dans les parois de la poche membraneuse des grossesses abdominales, se rapporte exactement au chorion accidentel.

Dans la théorie moderne sur la formation des grossesses extra-utérines, on admet que l'ovule, en dehors de la cavité utérine, agit sur l'organisme comme un corps étranger : qu'il irrite les tissus voisins par sa présence au point de les forcer à sécréter une lymphe plastique, coagulable qui ne tarde pas à l'environner. La substance se durcit, se concrète : elle devient vasculaire, le kyste est formé. Aucun ovologiste n'a vu, ni étudié d'après nature ce travail organique, travail factice, tout intellectuel : admis par analogie de la formation de certaines tumeurs. Dezeimeris a modifié la théorie : il n'accorde pas à un corpuscule aussi peu volumineux, aussi souple, aussi fragile que l'ovule, le pouvoir de produire la sécrétion d'un fluide épais, coagulable, « en un mot, dit-il, il ne peut causer une inflammation aiguë, des adhérences et une exsudation plastique susceptible de former un kyste autour de lui. » La formation d'un sac secondaire ou consécutif lui paraît seulement admissible, et voici en peu de mots l'explication qu'il en donne : après la rupture d'une grossesse ovarique, tubaire et interstitielle, le produit de la conception tombe dans la cavité du péritoine. Autour de ce corps étranger, une phlegmasie aiguë se déclare et produit la sécrétion d'une lymphe plastique, organisable qui circonscrit de tous côtés le fœtus et ses annexes pour constituer la poche embryonnaire.

Le physiologiste, soumis à la théorie actuellement en vigueur, n'a rien qui l'arrête : il conçoit l'*évolution régulière* de *l'embryon* au *centre* d'un *foyer sécrétoire*, et même *inflammatoire*. Il admet, par identité de rapport avec les grossesses tubaires, que, dans la grossesse ovarique, il s'organise une membrane muqueuse de nouvelle formation, qui tapisse une cavité accidentelle de l'ovaire, destinée à recevoir l'œuf, à le nourrir et à le protéger; oubliant d'une part, de prouver l'existence de cette membrane muqueuse et comment se creuse la cavité ovologique; oubliant, d'autre part, que dans les grossesses ventrales, l'embryon se nourrit toujours aux dépens de la membrane séreuse. Lorsque les faits n'ont pas été rigoureusement établis, la raison humaine blesse souvent ainsi les actes de la nature dans leur signification. L'idéal tient lieu du positif. Dégagé des liens étroits de l'observation, l'esprit se trouve livré à lui-même, et se perd en conjectures; il éprouve le sentiment du vrai, sans parvenir à la vérité; il forge des hypothèses; il s'inscrit contre l'existence des grossesses abdominales; il affirme également que, si de semblables grossesses se forment, il doit y avoir absence de kyste. La membrane, quoique très fine, qui renfermait l'œuf, dans les observations recueillies par W. Tumbull et de Bouillon, est pour Galli, et avec raison, la véritable poche membraneuse. La tunique de la vésicule de Graaff se trouve alors amincie, très vasculaire (1), métamorphosée en un tissu d'une finesse extrême et dans les meilleures conditions de l'ovo-viviparité.

La formation d'un sac kystal consécutif, dans cette variété de grossesse extra-utérine, est l'exception qui a été prise pour la règle. Juge éclairé, Bry a divisé avec plus de méthode l'accident de la génération en grossesse ventrale primitive et secondaire; suivant que l'œuf, échappé de l'ovaire, tombe dans la cavité abdominale, ou bien, quand l'embryon développé tombe lui-même après la rupture du kyste d'une grossesse ovarique, tubaire, interstitielle.

La rupture du chorion est un accident tellement grave qu'il détermine presque toujours une hémorrhagie mortelle : rarement il se forme une poche membraneuse secondaire. La rupture se traduit encore par une péritonite aiguë ou chronique, avec altérations pathologiques consécutives, souvent rebelles à tout traitement (2).

Lorsque la terminaison est heureuse, le fœtus et ses annexes

(1) La vascularité du follicule tient à ses vaisseaux propres et surtout aux capillaires des vaisseaux ombilicaux.

(2) Le sort de l'embryon et du kyste mérite de nouvelles recherches en tocologie. La nature, après la rupture spontanée des kystes, s'est débarrassée elle-même du produit de la conception un grand nombre de fois, et avec succès : ce qui rend la méthode expectante favorable, rationnelle. Quelques grossesses extra-utérines seront attaquées avec avantage par les incisions *recto-kystales, vagino-kystales* suivant M. P. Dubois, ou par la *gastrotomie*.

sont plutôt évacués que conservés dans le ventre. On a vu les débris osseux et putrilagineux de l'embryon se frayer un passage à travers le vagin, la vessie, l'estomac, le colon, le rectum, les parois abdominales et principalement la région ombilicale, ou bien, prendre à la fois, diverses issues, telles que la région iliaque externe et le col utérin, etc.; puis, le kyste rompu et vide se couvre de bourgeons charnus, ses parois se resserrent sur elles-mêmes, sa cavité s'oblitère peu à peu, les fistules cutanées se ferment, l'appareil fébrile tombe, tous les accidens cessent et la guérison couronne l'œuvre de la nature. Des femmes ont pu concevoir de nouveau et mener à terme une grossesse naturelle.

Le produit de la conception, au lieu d'être expulsé de l'organisme par les forces éliminatrices, reste également dans l'envelop, e choriale. Tout s'altère alors, le fœtus, ses annexes et le kyste. L'embryon se dessèche, se momifie (1), il se transforme encore en détritus osséiforme, en substance crétacée, adipocireuse comme le gras de cadavre. Le liquide amniotique plus ou moins altéré, augmente graduellement ou diminue de quantité, il reste quelquefois stationnaire. L'hydropisie enkystée de l'ovaire, résulte aussi de l'hypersécrétion du fluide contenu dans la vésicule albumineuse sans qu'il y ait grossesse extra-utérine préalable. Les parois du kyste primitif sont d'abord molles, flexibles, élastiques, bifoliées; ensuite, elles deviennent plus denses, plus vasculaires, et quelquefois très minces et indivisibles; en dernier lieu, elles sont dures, coriaces, résistantes, fibreuses, cartilagineuses et en partie osseuses. Les parois du sac pathologique ou secondaire ont la forme d'une coque plus ou moins épaisse, irrégulière, toujours d'un seul feuillet qui se transforme en tissus fibreux, fibro-cartilagineux et osseux. A ce dernier degré, les altérations de texture prennent un caractère tellement identique, qu'il n'y a plus moyen, par l'anatomie de la poche membra-

(1) J'ai vu à la Maternité, dans certains cas de grossesse double utérine, un seul fœtus se développer; l'autre aplati, jaunâtre, variable en longueur, ressembler à ces *figurines* de pain d'épice.

neuse, de distinguer sans erreur le kyste primitif du consécutif. La rupture antérieure d'une grossesse ovarique, tubaire, interstitielle, établit seule la différence ; elle est l'indice certain de l'enveloppe secondaire ou de nouvelle formation.

Le travail organique des parois du follicule est presque toujours interrompu durant le cours des grossesses extra-utérines. La rupture spontanée et accidentelle du kyste dont j'esquisse l'histoire générale, se trouve relatée dans les observations de Baudelocque, de Sabatier, de Littre, d'Albers, de Forget de Strasbourg, de Pinel Grandchamp, de Glower, de Huguier, dans le mémoire de Dezeimeris, etc... Le docteur Seerig s'exprime ainsi : « Dans l'abdomen on trouva un petit corps qui avait de la ressemblance avec un ovule. Dans la trompe gauche adhérente au péritoine, existait une cavité propre à contenir ce corps. » Une rupture de grossesse tubaire, gravée dans l'ouvrage de Mauriceau, sur le dessin qu'il prit d'après nature, et observée par B. Vassal, est devenue célèbre parce qu'elle servit à de Graaff qui vérifia le fait, pour éclairer le mécanisme du passage des œufs de l'ovaire à l'utérus, au moyen de la trompe de Fallope. Il a vu dans cet accident, un temps d'arrêt de l'œuf pendant qu'il cheminait dans le canal ovulaire : opinion savante et hardie, conforme aux fonctions de la trompe de Fallope, et qui alors pour Mauriceau et pour beaucoup d'autres, fut considérée comme une vue hypothétique.

L'époque de la rupture du chorion est spéciale à chaque grossesse anormale. Fréquente au quatrième mois des grossesses ovariques et tubaires, et au troisième mois de l'interstitielle, elle devient plus rare dans les extra et les intra-péritonéales : variétés qui se terminent souvent par l'entier développement du fœtus. Toutes ces époques n'ont rien de fixe, ou de parfaitement déterminé. Le kyste a persisté sans se rompre pendant un laps de temps considérable, onze ans, d'après le docteur Zoescher; quinze ans, selon M. Yardeley; dix-neuf ans, selon le docteur Romberg, et même toute la vie. M. J. Cloquet, en disséquant une chatte a, fait l'étude d'une gestation extra-utérine de longue portée. Les grossesses consignées dans les écrits de la science et qui ont duré dix, vingt, trente et même plus de quarante années, appartiennent évidemment à ces anomalies.

La grossesse interstitielle manque-t-elle de kyste? Le tissu musculeux de la matrice constitue, selon Breschet, les parois de la cavité qui renferme l'œuf fécondé et développé. L'anatomie comparée est loin de servir à une théorie véritable de ce fait nouveau. On a imaginé que l'ovule s'arrête dans le conduit vulvo-utérin latéral, décrit par Gœrtner, chez la vache et la truie, et que l'on assure avoir découvert chez la femme. Ce canal particulier aurait l'orifice inférieur près du méat urinaire, l'orifice supérieur terminé vaguement dans le tissu cellulaire des ligamens larges, aux environs de l'ovaire ; ses parois, dans presque tout son trajet, seraient formées par la couche membraneuse du vagin et contractile de l'utérus. Quant à sa nature, Jacobson le considère comme le rudiment du conduit excréteur des corps d'Oken. L'existence de canaux de communication entre l'ovaire et l'utérus, différens des trompes de Fallope, est complétement factice : elle résulte d'une erreur d'anatomie fort ancienne, ainsi que je l'ai démontré dans mes recherches sur les *canaux angéiophores*. Quel est donc le mécanisme de la grossesse interstitielle? Sans nous égarer dans les hypothèses, arrêtons-nous au fait ovologique : le germe puise dans les parois de l'utérus qu'il pénètre les sucs nutritifs nécessaires à son développement : c'est le mode naturel de jonction du fœtus à la mère, moins le siége différent et irrégulier de l'évolution.

APPENDICE.

En 1844, j'ai fait connaître l'indéhiscence du follicule de Graaff, fécondé et isolé du stroma, la composition de l'œuf réel, et cependant il a fallu mes nouvelles recherches sur l'ovo-viviparité pour mettre dans leur jour ces faits nouveaux et incontestables, tant il est vrai que le fait perd son importance quand la signification échappe. Mais il acquiert sa plus grande valeur, comme exactitude, lorsqu'il se reproduit en d'autres mains.

OBSERVATION NOUVELLE DE CHUTE DU FOLLICULE DE GRAAFF.

Le prince C. BONAPARTE a présenté à l'Institut, au nom des docteurs Ercolani et Vella, un mémoire intitulé : ***Embryogénie et propagation des vers intestinaux.*** Je transcris de la ***Gazette médicale*** du 6 mai la partie des conclusions qui vient prêter à notre travail, au moment de sa publication, un nouveau point d'appui. Les auteurs disent :

« 10° Que chez les femelles adultes de l'ascaris mégalocéphale et lombricoïde, on démontre facilement que les œufs ne se forment pas dans la dernière portion de l'oviducte, mais bien dans la partie supérieure et amincie qui représente un vrai ovaire.

» 11° Que sur la partie interne de l'ovaire des ascarides que nous venons de mentionner pend une quantité infinie de corps piriformes allongés représentant les follicules de Graaff des animaux supérieurs.

» 12° Que le *follicule de Graaff*..... ne se déchire pas pour laisser sortir l'œuf, mais se *détache* en *entier* du *strôme*, perd sa *forme pyriforme* pour devenir ronde, tandis que la membrane du follicule persiste et devient le chorion de l'œuf.

» 13° Que la membrane vitelline se forme après que le follicule s'est détaché. »

Ce fait important et isolé perd sa valeur : ajouté à ceux que j'ai publiés, ils acquièrent tous un intérêt nouveau. Il est assurément très curieux de retrouver la chute du follicule de Graaff jusqu'aux dernières limites du règne animal : les helminthes étant classés dans les zoophytes. Les espèces étudiées par MM. Ercolani et Vella feront partie de notre groupe naturel d'*ovo-vivipares ovariens*.

Le *vivipare faux* ou *aplacenté provient* toujours de l'*œuf entier* : le *vrai vivipare dérive* de *l'ovule* : *tous deux*, en apparence, *produisent* à la fois l'*œuf* et le *petit*. Quelle source d'erreurs et de confusion des espèces en ovologie ! Nous verrons quelques espèces, mieux connues, comme les helminthes, changer de place dans la classification : il y en aura qui suivront une autre *ligne génératrice*. Les cétacés se trouveront rangés, sans doute, avec les monotrêmes dans les mammifères aplacentés, et par un singulier contraste, l'émissole lisse, avec son placenta vitellin adhérent, passera, si l'anatomie de J. Muller est exacte et normale, dans les vivipares vrais. L'espèce ovologique est mobile : nos principes sont fixes, invariables. Fondés sur des faits exacts, ils nous ont permis de prévoir la structure de l'œuf des entozoaires ovo-vivipares.

FIN.

www.ingramcontent.com/pod-product-compliance
Ingram Content Group UK Ltd.
Pitfield, Milton Keynes, MK11 3LW, UK
UKHW021117260726
13994UKWH00002B/918